越独立 越美丽

过自己想要的生活

[美] 卡耐基夫人——————著

宵阑——————译

陕西师范大学出版总社

图书代号：SK20N1496

图书在版编目（CIP）数据

越独立　越美丽：过自己想要的生活 /（美）卡耐基夫人著；宵阑译．— 西安：陕西师范大学出版总社有限公司，2020.10

ISBN 978-7-5695-1773-6

Ⅰ．①越…　Ⅱ．①卡…　②宵…　Ⅲ．①女性—成功心理—通俗读物　Ⅳ．①B848.4-49

中国版本图书馆 CIP 数据核字（2020）第 122678 号

越独立　越美丽：过自己想要的生活

YUE DULI YUE MEILI：GUO ZIJI XIANG YAO DE SHENGHUO

［美］卡耐基夫人　著　宵阑　译

出 版 人　刘东风
责任编辑　王西莹
特邀编辑　李　娜
责任校对　高　歌
封面设计　王　鑫
出版发行　陕西师范大学出版总社
（西安市长安南路 199 号　邮编 710062）
网　　址　http://www.snupg.com
印　　刷　大厂回族自治县德诚印务有限公司
开　　本　620mm×889mm　1/16
印　　张　14
字　　数　158 千
版　　次　2020 年 10 月第 1 版
印　　次　2020 年 10 月第 1 次印刷
书　　号　ISBN 978-7-5695-1773-6
定　　价　59.00 元

译　序

我曾经担任过许多外版小说的翻译工作，但翻译卡耐基夫人的著作却是第一次。看完原书稿后，我感到非常震撼，短短的十多万字仿佛道尽了女性成功学的精髓，充满洞见。

幸福的婚姻是女人一生所追求的目标，世上的女人无不梦想拥有美满的婚姻、幸福的家庭，然而美满的婚姻并非唾手可得，它是一种艺术，也是一项事业，需要学会经营。

美国幽默作家埃·尼波特曾经对妻子做过如下的比喻：漂亮的妻子像手表，随身携带，一刻不离；泼辣的妻子像闹钟，只能供在家里；贤惠的妻子像怀表，任何时候只要想问她，她都会回答，不过可惜的是这种表到现在已经很少了。男性究竟企盼同什么样的女性待在一起呢？是拥有曼妙的魔鬼身材的女性吗？当然不是。能够屡获丈夫的心的，应是卡耐基夫人所描述的那种魅力女性。

作为伟大的成功学大师的妻子，桃乐丝曾同卡耐基一起到全球五大洲中的五十多个国家巡讲，帮助和指导了千百万人建立了更有活力、更高品质的生活。桃乐丝不愧为一位有思想、有魅力的杰出女性，她用质朴的文字，以知性女性特有的视角告诉我们，一个成功男人背后的女性强大的力量和影响力。书中作者阐明了女性认识自我、完善人格、提升魅力的三大要素，用睿智的情感笔触以及精辟的人生感悟道出了女性获得幸福生活的真谛，帮助女性最终走向事业和家庭的成功。

是的，诚如作者所言，每个女人都是独一无二的，任何人都不可能成为别人，但我们都拥有自我完善的能力，都可以成为更好的自己。学会经营家庭，懂得真爱，做真正有智慧的幸福女人——让我们一起享受这本书所带来的美好体验吧！

译　者

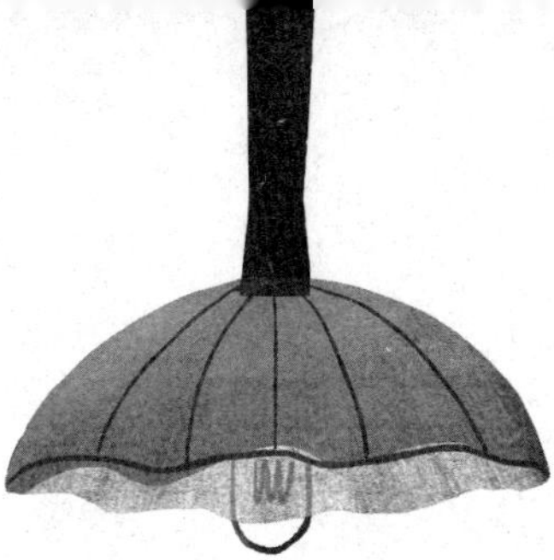

目 录

第三章

婚姻会经营，才能获得终生幸福

第四章

成熟之爱，学会适当“放男人一马”

第五章
越爱越浓，理解婚姻的真谛

第六章
持家有道，做优雅女主人

第一章

并肩战斗，

做彼此人生的助推器

朝同一个方向投视

相爱并不是双目对视，而应该是朝同一个方向投视。只有这样，爱才会延续下去。

· 树立清晰的目标

1910 年，有两个年轻人合租了纽约市一所廉价寄宿公寓中的一间房子。其中一个叫戴尔·卡耐基，他是来自密苏里州玉米种植区的幻想家，他没有见过什么世面，曾就读于美国戏剧艺术学院。另外一个叫惠特尼，他来自麻州乡下。

戴尔告诉我，惠特尼出身于农村。他和其他穷困的乡下孩子唯一的不同就是：他决心将来要成为一家大公司的老板。

惠特尼在城市找到的第一份工作，是在一家大型食品连锁店当零售店员。惠特尼工作十分努力。为了更好地了解业务状况，惠特尼常利用午餐时间到批发部门去工作。他这样做虽然不会得到别人的感谢和额外的薪水，但给老板留下了良好的印象。当一份更好的工作有空缺时，老板就想到了惠特尼，并把工作给了他。

惠特尼从零售店员升为业务员，然后是部门主管、区域经理。

随着时间的推移，惠特尼的职位越升越高。尽管人们认为他已经很成功了，但他还是会有失望和挫败感。在为这家公司服务多年之后，他觉得自己的职业到了尽头，因为公司里有太多总裁的亲戚了，这些人的能力根本不如他，却坐在了比他高的职位上。在另一家公司，他发现晋升的依据是年资，因此，他知道他到死都无法成为公司决策性高级职员。

但是他一直没有忘记自己的目标。当他成为橘子包装公司的总裁后，他终于实现了自己的梦想。后来，他又创建了蓝月乳酪公司。

当年，惠特尼初进城时，曾对室友戴尔说："有一天我要成为一家大公司的总裁。"这句话并不是痴人说梦。他是在坚定自己的信念，为自己定下一个目标，以此来鼓舞他人生中的每一次行动。

为什么惠特尼轰轰烈烈地成功了，而那么多的人却失败了呢？虽然他工作努力，可是别人也和他一样努力了。他只在工作之余自修，所以学历应该也不是问题的答案。问题的关键是，惠特尼知道他的目标。当他加班，当他换工作，当他学习业务上的新知识时，他所做的一切都是为了这个目标。而其他人呢？他们却缺乏这种清晰的目标。

漫无目的是这些人不能成功的咒语。他们茫茫然地找份工作，茫茫然地结婚生孩子，他们蹉跎岁月，一直在彷徨地期望人生会有所改变，心里却缺乏清楚的欲望和理想。

·找出对生命的渴求和希望

纽约市新温斯登饭店成立了一个易职诊断处，创办人及指导员是安·海沃德。她专门为那些对自己的工作不满意的人士提供参考意见。我花了好几个下午和安小姐讨论失业的问题。她告诉我，大部分上门来求教的人的主要问题，就是不明白自己在追求什么。因此，她所做的第一件事，就是帮助他们澄清自己内心的希冀与野心。

每一位妻子所能帮助丈夫的，首先便是找出他对生命的渴求和希望，然后妻子才能与丈夫精心合作，实现这些梦想。

合著《婚姻指南》的沙慕尔和艾瑟·克林夫妇相信，快乐的婚姻需要夫妻俩具有共同的梦想。至于梦想是什么并不重要——例如一幢新房子，一趟欧洲旅行，或是一个大家庭——共同拥有一个梦想才是最重要的。

“关键在于，”他们说，“对眼前的生活有所希望，然后尽其所能去实现它。快乐、情趣、参与感都会从构思、梦想和希望中获得，从共享喜悦与忧伤、成功与失败中获得。”

堪萨斯州的威廉·葛理翰夫妇的成功便是基于他们有一个共同的梦想。在威奇塔，威廉·葛理翰油料公司是一个逐渐受人重视的公司，负责人威廉·葛理翰功不可没。在还不到50岁之前，他就已经从油料经营和投资中赚得可观的利润。同时葛理翰和他的夫人玛瑞丽也拥有令人羡慕的婚姻成果：六个健康的孩子，富有、漂亮的家居。加上他们共同拥有的成功的事业——这一切使他们对未来的岁月充满了希望。

我认识威廉·葛理翰已多年，当我向他请教取得成功的关键因素时，他回答："是我们夫妻长期计划和协调工作。"

他们刚结婚没多久，玛瑞丽就知道了丈夫的梦想和计划，于是他们共同工作，开始做房地产生意，介绍房屋买卖，从中抽取佣金。除了成功的信念和埋头工作之外，他们没有其他后援。他们将办公室设在一幢办公大楼的废弃通道末端，玛瑞丽在这里负责联络，威廉便四处拉生意。

开始的时候，业务进展很慢，这对年轻的夫妇经常要精打细算，否则全家便要饿肚子。

当业务出现转机之后，他们便自己出钱买房子，再倒卖出去，从中赚上一笔。然后，他们就开始自己盖房子。这时，由于经营状况十分良好了，威廉觉得他应该加入一些新行业，以便获得更大的发展机会。

经过几次协商，他们夫妻俩觉得做石油生意最合适，因为威廉渴望业务成长和更多的机会与挑战。于是威廉·葛理翰油料公司诞生了，这个公司一直是非常成功的实例。

目前，威廉正在制订新的计划。他和玛瑞丽正考虑在国外投资的可行性。只要他们有了决定，他们便会将它付诸实施。

当葛理翰夫妇为自己制订计划和选择目标时，总会考虑到威廉所受过的训练、倾向和性情。玛瑞丽说，一旦威廉实现了一个目标，一定会立刻再寻找另一个富有挑战性的难题，以免自己失去生活的乐趣。在这种共同面对挑战的过程中，他们建立了亲密的感情。

葛理翰夫妇的成功是两个人共同制订计划、实行计划，直达目标的极好证明。没有人是能够不瞄准靶心便能打中的。即使我们会有一点儿偏失，但是这样至少比闭上眼睛盲目射击更接近靶心。

“混淆不清，”哥伦比亚大学已故著名教授狄恩·海伯特霍基斯说，“正是忧虑的主要原因。”

混淆不清不只是忧虑的主要原因，它还是成功的绊脚石之一。因此帮助丈夫出人头地的第一步，便是鼓励他找到生命的重心，制订下一个目标。

作为妻子，你首先应该明白，成功对你丈夫及你的意义是什么。它意味着财富？名望？安全感？权力？为大众服务？满意的工作？

这正是你和你丈夫应该共同回答的问题。因为成功对不同的人有着不同的意义，只有找出成功对你们的意义，才能决定你们共同生活的目标。

做妻子的应该清楚地了解丈夫的目标，特别是你想要帮助他实现的那些目标。有许多例子指出，当双方都打算着手实施计划时，不幸的是，却发现两人的方向相反。

假如你丈夫已经明确了自己的志向，不要认为这就足够了，你也应该加入他的长期计划中去。

“相爱并不是双目对视，而应该是朝同一个方向投视。只有这样，爱才会延续下去。”我不记得这句话是谁说的，但是它的确是对有抱负的夫妇最好的忠告。

记住，成功的第一步是：

“帮助你的丈夫实现他的梦想。”

梦想之后的行囊

当一个目标实现之后，马上定下另一个新目标，这才是成功的人生模式。因此，我们要跟自己的丈夫合作，共同追求新的目标。

·婚姻生活的最大乐趣

婚姻生活的最大乐趣，就是夫妇俩共同实现一个又一个目标。

在携手实现这些目标的过程中，你们的感觉会像再次度蜜月一样甜蜜无比。

尼克·亚历山大最渴望实现的目标是上大学。因为他从小在孤儿院长大——那是一种老式的孤儿院，孤儿们从每天早上 5 点工作到日落，伙食不仅差，量又不够，尼克根本没有条件上大学。

尼克是一个聪明的孩子——太聪明了，因此他 14 岁就从中学毕业了。为了生存，他开始步入社会谋生。

他所能找到的工作，是在一家裁缝店里操作一台缝纫机。十四年来，他一直在这家裁缝店工作。然而，尼克始终没有攒足上大学的钱。

虽然如此，尼克·亚历山大还是幸运地娶了一个女孩——特丽莎。她愿意帮助他实现上大学的梦想。但事情并不如他们想象的那么容易。在他们结婚之后没多久，也就是 1931 年，裁缝店开始裁员，尼克丢掉了工作。于是，这对年轻的夫妇决定自己去闯天下。他们把存款聚集在一起，开了一家亚历山大房地产公司。特丽莎甚至把订婚戒指也卖掉，以便增加运营的资本。

在两年之内，他们的生意十分兴隆，于是特丽莎坚持让尼克去上大学。尼克在 36 岁的时候，终于获得了学位——这是他在人生道路上抵达的第一个里程碑。

尼克又回到了房地产事业——成为他夫人的生意合作伙伴。不久，他们又有了一个新目标——购置一幢海边的房子。终于，他们也实现了这个梦想。

他们就这样坐下来享受轻松吗？嗬，才不会呢。他们还有一个小女儿需要教育。如果他们能把他们商业大楼的分期付款缴清，并把大楼变成公寓出租，那么所得到的租金就能付他们孩子上大学的费用了。因为他们一心一意要达到这个目标，所以他们最终也做到了。

特丽莎告诉我，他们目前正在为他们的退休保险金努力。现在尼克单独主持事业，特丽莎则照顾他们的家。

亚历山大夫妇过着一种忙碌、幸福、成功的生活，因为他们前面总是有一个目标，他们总向一个方向努力。他们已经发现了萧伯纳这句话的真理："我厌弃成功：成功就是在世上完成一个人所做的事，正如雄蜘蛛一旦授精完毕，立即被雌蜘蛛刺死一样。我喜欢不断地进步，目标永远在前面，而不是在后面。"

・成为赢家的秘密

许多男人一辈子迷迷糊糊，因为他们没有真正的目标，他们得过且过。而那些事业成功的人，都是警觉性高、积极等待机会，机会一来马上就能看到并抓住它的人。他们都有一个确定的目标。

为了帮助丈夫制订长期计划，妻子最好是把每五年划分为一个阶段。你可以这么计划：在五年之内，帮他拿到大学文凭，准备好升迁；在十年内，他就可以升为业务主管了。

上一章我们提到的安·海沃德曾告诉我她一位顾客所说的话："我希望我丈夫永远不会感到自我满足而停滞下来。我们结婚五年了，每年都有一个目标——首先是他的学位，接着是进修课程，然后是一年的自由投稿工作，现在是他自己的事业。他对自己充满了自信，我也相信他能成功。而一旦他告诉我他的钱够了，获得的教育够了，经验够了，我就知道蜜月已经结束了。"

有一句古语说："不论你抓在手里的是什么，别忘了最终的结果，那你就不会失去什么了。"

当一个目标实现之后，马上定下另一个新目标，这才是成功的人生模式。因此，我们要跟自己的丈夫合作，共同追求新的目标。

热情激发潜能

必须先让你的丈夫认清自己的工作，对它抱有热情的态度，并能全身心地投入进去，这是一个相当重要的观念。

·积极模式的威力

诺贝尔奖获得者工作时都有极大的热情，你的丈夫当然也需要。

佛里德利·威尔森——纽约中央铁路公司已故总裁，有一次在广播采访中，被问到如何才能使事业成功，他回答:“我深刻地认为，一个人的经验愈多，对事业就愈认真，这是一般人容易忽略的成功秘诀。成功者和失败者的聪明才智，其实相差并不大。如果两者的实力相当的话，对工作富有热情的人，一定比较容易成功。一个具有实力而富有热情的人和一个虽具有实力但不热情的人相比，前者的成功也一定会胜过后者。”

一个热情的人，不论是在挖土，或者经营大公司，都会认为自己的工作是一项神圣的天职，并对它怀着浓厚的兴趣。对自己的工作热情的人，不论他所面临的工作有多么困难，或需要多大的训练，他始终会用不急不躁的态度去进行。只要抱着这种态度，任何人都会成功，也会实现目标。

爱默生说过：“有史以来，没有任何一项伟大的事业不是因为热情而成功的。”事实上，这并不是一段单纯而美丽的话语，而是迈向成功之路的指南针。

如果你读了这本书，只体会到对工作具有热情是最重要的事，而没有其他收获的话，也没有关系，仅此一点，你就可以帮助你的丈夫走上成功之路了。

因为，工作热情，是一切希望成功的人，如创作出杰作的艺术家、推销肥皂的人、图书馆管理员，以及追求家庭幸福的人所必须具备的基本条件之一。

·热情，成功的基石

对工作热情的人，拥有无限的能量。耶鲁著名且最受欢迎的教授之一威廉·费尔波，在他那本富有启发性的《工作的兴奋》中这样写道：“对我来说，教书凌驾于一切技术或职业之上。如果有热情这回事，那么我认为这就是热情了。我爱好教书，正如画家爱好绘画，歌手爱好唱歌，诗人爱好写诗一样。每天起床之前，我就兴奋地想着有关学生的事……人在一生中之所以能够成功，最重要的因素就是对自己每天的工作抱着热情的态度。”

因此，要让你丈夫在工作中变得愉快，你必须帮助丈夫培养对工作的热情态度。你可能会问我，应该如何培养呢？我准备在下一章告诉你六种方法。不过，你必须先让你的丈夫认清自己的工作，对它抱热情的态度，并能全身心投入进去，这是一个相当重要的观念。

你不妨告诉你的丈夫，他的工作十分重要。任何一个公司的老板，都知道雇用对工作充满热情的员工的重要性，也知道这种人难以物色。亨利·福特说过：“我喜欢具有热情的人。他热情，就会使顾客热情起来，于是生意就做成了。”

十分钱连锁商店的创始人查尔斯·华尔沃兹也说过：“只有对工作毫无热情的人，才会到处碰壁。”查尔斯·史考伯则说：“对任何事都热情的人，做任何事情都会成功。”

当然，这也不能一概而论。例如一个对音乐毫无才气的人，不论他如何热衷和努力，都不可能成为一位出色的音乐家。但是，凡具有必需的才气，又有着可能实现的目标，并且具有极大热情的人，做任何事情都会有所收获，不论是物质上还是精神上，都是如此。

即使你的丈夫从事的是需要高级技术的专业工作，也需要这种热情。爱德华·阿普尔顿是一位伟大的物理学家，他曾协助发明了雷达和无线电报，并因此获得了诺贝尔奖。《时代》杂志引用过他一句极具启发性的话：“我认为，如果一个人想在科学研究上有所成就的话，热情的态度远比专业知识重要。”

如果这句话出自普通人之口，可能会被认为是一句外行话，但它出自阿普尔顿这种权威性的人物，那么它就意味深长了。既然热情的工作态度在科学研究上都这么重要，那么对普通的职员来说，热情的工作态度岂不是占有更重要的地位吗？

• 弗兰克·派特的成功启示

著名的人寿保险推销员弗兰克·派特的成功经历也证明了“热情”的巨大作用。他那本《我如何在推销上获得成功》一经出版，就打破了以往任何一本有关如何推销的书的销售纪录。

这本书为什么这么畅销？因为它揭示了一个秘密：缺乏热情——这正是许多人不能成功的巨大障碍。以下是派特在他的著作中列出的一些经验之谈：

“当时是 1907 年，我刚转入职业棒球队不久，就遭到了有生以来最大的打击——我被开除了。我打球时没有劲，因此球队的经理有意要我走。他对我说：‘你这样慢吞吞的，一点儿劲都没有，好像已经在球场上混了二十年了。老实跟你说，弗兰克，离开这里之后，无论你到任何地方做任何事，如果你不打起精神来的话，你将永远不会有出路。’

“本来我的月薪是 175 美元。被开除之后，我参加了亚特兰斯克球队，月薪减为 25 美元。薪水这么少，我比赛当然更没有热情了，但我决心努力试一试。

“大约十天之后，一位名叫丁尼·密亨的老队员把我介绍到新凡队去。在新凡队的第一天，我的一生有了一个重大的转变。

“因为在那个地方没有人知道我过去的情况，我开始下定决心，想把自己变成新英格兰最富有热情的球员。为了实现这一目标，我当然必须采取行动才行。

“我每次上场时，就好像全身充满了电。我强有力地投出高速度的球，使接球的人双手都麻木了。记得有一次，我猛烈地冲入三垒，对方那位三垒手吓呆了，球被漏接，结果我破垒成功。当天气温高达华氏 100 度，我在球场冲来跑去，极有可能会因中暑而倒下去。

“这种热情所带来的结果，真的令人吃惊，它产生了极大的积极作用：我心中所有的恐惧都消失了，而发挥出意想不到的技能；由于我的热情，其他的队员也跟着热情起来；我也没有中暑，我在比赛中和比赛后，感到从没有如此健康过。

“第二天早晨，当我读报的时候，兴奋得无法形容。报上说：‘那位新加入的派特，无异于一个霹雳球。全队的人，都受到了他的影响，都充满了活力。他那一队不但赢了，而且那场比赛是本赛季最精彩的。’

“由于我的热情态度，我的月薪由 25 美元提高为 185 美元，多了七倍。

“在往后的两年时间里，我一直担任三垒手。薪水又加了三倍之多。为什么呢？就是因为我有一股热情，而没有别的原因。”

后来，派特的手臂受了伤，他不得不放弃打棒球。接着，他到腓特烈人寿保险公司当保险推销员，可是整整一年多他都没有什么成绩，因此他很苦闷。但他后来又变得热情起来，就像当年在新凡棒球队打棒球那样。

不久，派特成了人寿保险界的大红人。不但有人请他撰稿，还有人请他演讲介绍自己的经验。他说：“我从事推销，已经有三十年了。我见过许多人，由于他们对工作抱着热情的态度，他们的收入也成倍地增加了。我也见过另一些人，他们由于缺乏热情而走投无路。我深信，唯有热情的态度，才是成功推销的最重要因素。”

·点燃工作激情

如果热情对任何人都能产生这么惊人的效果，那么对你丈夫也应该会有同样的功效。

从上面所提到的那些人看来，我们可以得出如下结论：热情的态度，是做任何事所必需的条件。请让你的丈夫深信这一点。任何人，只要他具备这个条件，都能够获得成功，他的事业也必将飞黄腾达。

曾有人采访乐队指挥鲍勃·克劳斯贝的儿子，问他父亲和他的叔叔平·克劳斯贝每天的生活情形。他回答：“他们永远都在愉快地工作。”

“那你长大之后希望怎样生活呢？”这个采访者又问他。

“也和他们一样愉快地工作。”年轻的克劳斯贝毫不迟疑地回答。

对工作具有热情的人，都会愉快地工作着。这一点还能感染周围的人。

因此，如果你希望自己的丈夫出人头地，从今天开始，你就应该使他建立对工作认真的观念，也就是认清热情态度的重要性，然后再帮助他实行下一章我所介绍的六个法则。

提高“成功商数”的六个法则

你对丈夫应该做的，就是伸出双手帮助他。你不必埋怨你丈夫不够优秀，因为每一个好男人都由一个伟大的女性一手培养出来的。

如果你不相信，就请试试下面我要介绍的提高男人“成功商数”的六个法则。

我知道这六个法则很有效，因为我看过它们一次又一次地被应用并使人们走向成功。

请你的丈夫试试看，这些方法保证可以提高他的“成功商数”。以下就列出这六条规则供大家参考。

・责任感，魅力之本

许多人觉得自己只是依附在一个大的、没有人性的机器上的一枚小小齿轮，因为他们并不知道自己特定工作的重要性，同时，也因为他们除了别人要他们天天做的工作以外，并不想学习任何新的知识。

不知你还记得这个古老的故事吗？

有人问两个在一起工作的人，他们正在做什么。其中一个回答："我正在砌砖块。"而另一个回答："我正在建造一座大教堂。"

尽可能地了解一项工作或一个产品，可以增加你的信心和热心。著名记者塔贝尔曾说过，她有一次花了好几个星期，为一篇500多字的文章搜集资料——虽然她只用了这些资料的一部分。她解释说，那些没有使用的资料，将会增加她的实力。因为她知道的东西比写这篇文章所需要的更多，所以她能够写得更轻松、更有信心，也更具有权威性。

本杰明·富兰克林小时候就懂得培养工作责任感的重要性。那时，他在一家臭味冲天的肥皂工厂打杂儿。由于他竭尽所能地学会了整个制造程序，所以他对自己为公司所做的微薄贡献，也有了相当的成就感。

工厂训练推销员的时候，应该把产品的制造过程教给他们——虽然这些知识在推销的时候很少派上用场。但是，对自己的产品了解越多，推销员对顾客推销的时候就越有权威和热心，由此也使产品有更好的销路。

我们对任何一件事知道得越多，对它热心的程度就越强烈。所以，如果你的丈夫对他的工作不够热情，责任感不够强烈，你就要找出原因。很可能是因为他对自己的工作知道得不够多，或是不了解自己对整个程序所做的贡献。

·成功要步步为营

一个人如果立志要成功的话，必须具有执着的精神。他必须知道他正在为什么目标而工作，然后他才会像一只猎犬追逐野兔那样紧追不舍。一个知道自己目标的人，不会因为挫折和失败而泄气。

本杰明·富兰克林写道："每个人都应该确认他特殊的工作和职业，而且耐心地去做，如果他想要成功的话。"

英国诗人撒母耳·泰勒·柯尔雷基恐怕是最需要接受这个劝告的人了。他遗留给后代的诗，大部分都是没有完成的。他把自己的才华分散得太细而浪费掉了。他生活在一个不真实的梦幻世界里，因此在他死后，查理·兰姆写信给朋友时说："柯尔雷基死了，听说他留下了四万多篇有关形而上学和神学的论文——可是没有一篇是完成的！"

因此，你应该和你丈夫讨论他对于未来的目标，帮助他弄清楚他的目标和抱负；鼓励他尝试完成明确的目标，而不是去做那些模糊的、不可能成功的白日梦。

·每天都给自己加油打气

这个方法孩子气吗？也许。但许多相当成功的人士都发现这是一种建立热心的好方法。

新闻分析家卡特本说，他年轻时经验很少，曾在法国当过推销员，每天走访一户又一户的人家，每天出发以前他都要对自己说一番鼓励的话。

魔术大师荷华·索士第也经常在他的化妆室里跳上跳下，一次又一次地大声喊道："我爱我的观众。"直到他的血液沸腾起来，他才走到舞台上，为观众们献上一次充满活力和愉快的表演。

我们大部分人都是半醒半睡地活着。为什么你不在每天早上让你丈夫对自己说："我爱我的工作，我将要把我的全部能力完全发挥出来。我很高兴这样活着——我今天将要100%地活着。"

• "开通的自私"

亚里士多德提倡"开通的自私"——这对每一个追求进步的人来说，无疑是一种好方法。

一个以自己为中心的员工，工作时一只眼睛注视着时钟，另一只眼睛则注视着他的薪水。这样的人必定很懒散，让人很厌烦，而且注定不会成功。

为别人服务也会产生热情——许多有能力的人选择低薪的社会服务和传教工作，而不去从事那些以自我为中心的职业，以赚取更多的钱，这就是例证。

打游击战术也许会暂时获得成功，但最后都会失败的。最好是让大家都伸出援助的双手，而不是把他们的脚伸出来绊倒别人。

·给生活注入新的活力

“我最需要的，”爱默生说，“是有一个人来推动我去做我能做的事。”

结交优秀的朋友会使人变得更加优秀，因为良好的品格会相互影响，并排除不良品格。

“开放我的心怀。”

换一句话说，就是找一个热心朋友进行自我鼓励。

你也许没有办法控制丈夫的工作环境，但是你可以尝试培养丈夫的朋友和活力，以刺激丈夫更富有创造力地思考和生活。

如果你希望丈夫散发出热情，就让他处于充满生命活力又清醒的朋友的影响之中。每一个团体都有这种人——要把寻找这种人当成你的职责，并且帮助你的丈夫和他们交往。然后你要密切注意这种接触，看看在他身上引起了多少火花，并激发出多少梦想。

还有一些相对的建议——这是 P.H. 怀亭先生在《销售的五大原则》一书中提出来的极有价值的忠告。他说：“避免和那些闷闷不乐的人交往，避免和那些缺乏热心、那些把他们的脚步和心思消磨在天天不变的例行工作上的人交往。”

• 心理暗示——我工作，我快乐

这是我的主张吗？噢，不是的。威廉·詹姆斯教授在我还没有出生以前，就在哈佛大学教导这个哲理了。

“如果你想要获得一种情绪，”詹姆斯说，“你就假装已经有了这种情绪，并那样工作。而你假装已经有了这种情绪，就必定会使你真的拥有这种情绪。如果你想要快乐，就快乐地工作。如果你想要痛苦，就痛苦地工作。如果你想要热情，就热情地工作。”

福兰克·伯格是《从失败走向成功的销售》一书的作者，他说任何一个人都可以应用这个原则改变他的一生。显然，他是不会说错的——因为这是他自己的经验。

给对方信徒式的信任

每一个男人都需要一个信徒——一个在环境不利的时候，也能够忠诚地护卫着他的女人。

• 你是我人生的礼物

19 世纪末，密歇根州底特律市的电灯公司以周薪 11 美元雇用了一名年轻的技工。他每天工作十小时，回到家以后，还常常花半个晚上在后院的一间旧屋子里工作，想要设计出一种新的引擎。

他的父亲是一个农夫，老父亲确信他的儿子正在浪费自己的时间。邻居们也都说，这位年轻技工是个大笨蛋。每个人都在取笑他，没有人认为他笨拙的设计能够造出什么东西来。

除了他的太太之外，没有人相信他。当白天的工作做完以后，他太太就在小屋子里帮助他。冬天，天色很早就暗了，他太太在一旁帮他提着煤油灯，好让他继续工作。他太太的牙齿在寒冷中颤抖着，手也被冻成了紫色。但是她始终相信他先生设计的引擎终有一天会成功，所以她先生称她为自己的“信徒”。

他们在旧屋子里艰苦工作三年以后，这个异想天开的东西终于成功了。1893年，在这个年轻人30岁生日的前几天，他的邻居们被一连串奇怪的声音吓了一大跳。他们跑到窗口，看到那个年轻技工和他的太太，正坐在一辆没有马的“马车”上，在路上摇摇晃晃地前进。

美国的一项新工业——一个将会对这个国家产生深远影响的工业——在那天晚上诞生了，而那个年轻人就是亨利·福特。如果亨利·福特是这个新工业之父，那么他的这位“信徒”福特夫人，当然就有权利被叫作新工业之母了。

五十年以后，福特先生——这位相信灵魂轮回再生的人——被问到他下一次出生时希望变成什么。“我不在乎，”福特先生说，“只要能够和我太太在一起。”他终生都称他的太太为“信徒”，而且希望永远和她在一起。

·赞赏使他成为理想的人

每一个男人都需要一个信徒——一个在环境不利的时候，忠诚地护卫着他的女人。当事情的发展偏离了方向的时候，当处于危机之中的时候，当遭遇失败的时候，男人需要一个能够建立起他的抵抗力和信心的太太，让他知道没有任何事情能够动摇她对他的信任。如果连他的太太都不信任他，还会有谁信任他呢？

信任是一种主动的特质。它不会承认失败，只会继续恢复失去的信心。

罗勃·杜培雷的经验就是一个很好的例子。

罗勃·杜培雷一直想当一个推销员。1947 年，他的机会来了，他开始推销保险。但是不论他怎么努力，情况都没有什么好转。他有点儿忧虑——对没有卖出的保险感到担忧。他开始紧张而痛苦。最后，他觉得必须辞职，以免精神崩溃。我面前就有一封杜培雷先生写给我的信，他告诉了我这个故事：

“我觉得我完全失败了，”罗勃·杜培雷写道，“但是我太太桃乐丝，她坚持认为这只是暂时的挫折。‘下一次你将会成功，’她不断告诉我，‘不要担心，罗勃。我知道你一定会成为一名成功的推销员。’”

罗勃在一家工厂里找到了新的工作，桃乐丝也找到了自己的工作。她要罗勃注意自己的衣着和谈吐。罗勃说：

“在接下去的一年半之中，桃乐丝不断地赞美我的美好气质，并且指出我具有适合推销工作的天赋——这是一些甚至连我自己都不知道的才华。如果没有她持续不断的鼓励，我可能已经放弃再试一次的想法了。桃乐丝不希望我放弃。‘你具有这种能力，’她一次又一次对我说，‘只要你努力，就能够办到！’

“我怎能违背她对我这么深的信任？她成功地在我身上建立了我对自己的信心。当我离开工厂重新回到推销岗位上时，这一次我开始信任自己了——因为我身边有了一个信徒。

“我仍然有一段很长的路要走。但是，得感谢桃乐丝，至少我已经上路了。她已经使我深信，只要我真想实现梦想，我就能够实现。”

如果我要雇用推销员，我认为拥有像桃乐丝·杜培雷这种太太的男人，是最值得雇用的。这种信徒不会让她们的丈夫承认失败。

她们会在丈夫遭受失败以后，及时鼓舞他们，清除他们的晦气，然后把他们重新送回激烈的竞争中。

·信任的力量

西盖·洛克曼尼诺夫，这位伟大的俄籍音乐家，在 25 岁的时候就是一位成功的作曲家。然而，由于过分自负，他写的一首交响曲很不成功，结果，批评纷纷涌向他，使他觉得十分泄气，并为此而度过了许多沮丧失望的日子。最后，他的朋友带他去看尼古拉斯·达尔医生，这是一位心理专家。达尔医生一次又一次地反复告诉他自己的看法："你的身上潜藏着伟大的东西，正等待着你向全世界宣示。"

这个信念渐渐在洛克曼尼诺夫心中生下根，并唤起了他对自己的信心。在第二年还没有过完之时，他就完成了那首伟大的 C 小调第二号协奏曲，并且把这首曲子题献给达尔医生。当这首曲子首次公演的时候，听众们都听得如痴如狂。于是，洛克曼尼诺夫再次回到了成功之路。

是的，对男人而言，鼓励犹如燃料对于引擎那样重要。鼓励使得男人的引擎继续发动。它能使人们的心理和精神重新"充电"，将失败转为成功。

厄运有时候会挫减人们的锐气，严重的打击有时还会使我们挺不起腰来。但是如果我们所喜欢的人这样告诉我们："别放在心上。这样的事情是打不倒你的。我知道你一定会赢！"那么事情就会大不一样了。

《圣经》告诉我们："信心是大家都希望得到的东西，是我们所看不到的东西的佐证。"

这就是有信心的妻子对她的丈夫的一种信任。她以一种特殊的视角，看到了丈夫身上别人看不出来的特质。她不仅在用眼睛看，还用内心的爱去看。

但是，如果这种信心没有用语言表达出来，也就毫无作用了。妻子必须运用技巧来表达对丈夫的信心——要用鼓励、赞美与爱的语言去表达。

第二章

援之以手，做彼此最重要的合伙人

你的“终生职业”

作为妻子，在必要的时候付出关怀和帮助，不仅可以帮助丈夫获得成功，而且自己也得到了分享报酬的权利。

·做个贤内助

一天早上，纽约市一辆公共汽车里的乘客全都伸长着脖子，看到一个活泼敏捷、衣着入时的女士，扛着一把猎枪跳上了车。

这是一个广告噱头，还是一个怪女人？许多乘客都在他们的座位上感到不安，直到这位女士到了她的目的地，平静地扛起武器跳下车去。所有乘客，包括公共汽车的司机在内，大家才同时松了一口气。

这只不过是爱多丽亚·费云在帮她丈夫的忙，她正为他的顾客把这支赊账买来的猎枪送回原来的店里去。

梅尔·费云是一家家用电器公司的优秀推销员。他的太太爱多丽亚曾经想出了许多方法来帮助他扩展工作，所以他称他太太是他的“星期五女郎”。

“我先生的生活、吃饭、睡觉与呼吸，无不充满了对工作的热情，”爱多丽亚告诉我，“我自然也会感受到这种兴奋。

过去二十五年来，我已经想出了许多小方法帮助他——我很喜欢这些工作。”

爱多丽亚想帮助她丈夫发挥最大的能力，去处理工作上的大事，扩大生意，照顾顾客，增加销售量。她想，如果她能够帮助她先生处理一些细小但必要的杂务，他将能够发挥出全部的才能。

例如，费云先生有许多信件，这些信件他必须在家里处理，所以爱多丽亚学会了打字。开车跑遍三十个州，这对一个男人来说也是很费力的，所以爱多丽亚学会了开车。

“我曾开车把梅尔从纽约时报广场送到了旧金山的金门大桥，”她骄傲地说，“这对他来说，是一件很简单的事，但对我来说可就是一次奇妙的体验了。”

爱多丽亚即使连培养自己的个人嗜好，也都是为了她丈夫的事业而设想的。她收集了许多旧熨斗——其中有些已经有一百五十年的历史了。而且她还为她丈夫画了许多彩色海报，在销售会上进行展览和陈列。

由于爱多丽亚·费云付出了努力，所以她从她丈夫的成功之中获得了更多的兴奋。有一次，当费云先生在田纳西州一次销售会中讲完话以后，观众之中有个人问他：“我不知道，今天晚上谁会对你的演讲最感兴趣——是推销员还是你的太太呢？”

妻子给丈夫的迷人的注意力，是一种最好的广告。难怪费云先生会把他的太太当成自己不可缺少的伙伴了。

许多女人没有想过帮丈夫去做费云太太曾做过的事。她们会这么说：“他雇女秘书是干什么用的？”或者说：“当公司愿意支付我薪水的时候，我也可以给他当帮手。”

许多女人会认为，这只是男人的前途，而不是她自己的。但是，有时候太太对丈夫的一点儿额外的帮助，确实可以给男人一种动力，使他走得更快更远。

进一步说，你能帮你的丈夫哪一种忙，这要看他工作的性质而定。也许他需要你帮他做点儿文书工作，例如打字、写报告、处理信件；也许是接电话，为他开车，查阅图书或杂志资料……这些工作都可以减轻他的负担，使他有更多的精力做更有价值的工作。

如果你希望能够帮助你的丈夫，却不太清楚从哪里着手，那不妨请他给你出个主意。

很显然，如果你希望每一个有许多家务事要做，又有几个小孩需要照顾，而没有请人帮佣的女人能够帮助她的丈夫而成为他的“星期五女郎”，那未免太可笑了。可是有些女人确实能把这些家务事都做好，又有效率地帮助自己的丈夫，她们的动机是——给她们的丈夫一个额外的推动力。

当年轻的彼德·阿塔多从第二次世界大战服役中退伍以后，他用一辆汽车和 800 美元资金创办了亚斯坎·来蒙欣汽车服务公司。

当计程车公司的业务发展到了忙得无法满足所有顾客需求的时候，有些人就转而叫彼德的车子了。彼德的服务快速、热情而且有效率，于是大家就经常叫他的车子服务。由于不能同时开车子和接听电话，所以彼德的妻子罗丝就自告奋勇地替先生接听电话，于是彼德在家里装了一部业务电话分机。电话分机装好之后，罗丝就担负起电讯发送的责任了。

现在，彼德的工作实在太忙了，他必须另外请一位司机合作。但是当彼德外出的时候，罗丝仍然要接听他的业务电话。除此之外，她还必须照顾三个小孩，并且做完所有的家务。

彼德说："不管我花多少薪水，也雇不到一位像罗丝这样有兴趣为我的顾客服务的人来接听电话。罗丝和我一样清楚地知道老主顾的姓名和住址——她从他们的惠顾之中得到了许多乐趣。他们知道罗丝不会给他们不准确的消息，不会在我跑长途的时候想办法拖延他们。如果我实在没有空，她甚至会替他们到别的计程车公司叫辆车子。我不能没有这个女人！"

而罗丝也说："如果丈夫需要的话，没有一个女人会忙得没法儿帮助他的。如果她想要帮她先生的忙，她可以做我做过的事，把家务安排得富有效率，然后就会留下时间来帮他了。"

有些女人家里暂时没有孩子需要照料，她们就可以直接到先生的办公室，或是她们先生营业的地方，为她们的先生提供很有价值的帮助。

贝拉·德拉斯太太就是这样做的。她的丈夫是一家诊所的医生，当他缺助手时，她便补了上去，直到他找到了一个合适的助手。她工作得非常好，仿佛她以前一直就在那儿工作一样。她上午处理家务，下午则帮助她的丈夫处理工作。

"对路易丝来说，这不仅仅是一项工作，"她的丈夫解释说，"对于每一位要我出诊的病人，或是到诊所来就医的病人的健康，她和我同样关心。"

• “星期五女郎”

是的，对妻子来说，她为丈夫所做的任何工作，都具有额外的特性。他们的兴趣会紧紧地结合在一起，不只为了工作，也为了生活。他们是共同体，她没有办法不对她的工作付出更多的精力。

像这种“星期五女郎”的妻子们，已经减轻了许多男人的工作，并使他们获得了成功。

安东尼·特洛罗柏是一位英籍小说家。他说，在他的原稿付印之前，除了他太太之外，没有人曾经看过或批评过一个字，“她的鉴赏力给了我最大最大的好处”。

法国作家阿尔冯云·道狄最初不敢结婚，因为他害怕婚姻会使他的想象力变得迟钝。后来，他认识了朱丽·亚拉得，这才逐渐改变了他的想法。他的一些最好的作品，都是在和朱丽结婚之后创作出来的。

朱丽有着很强的文学鉴赏力，道狄非常认可她的评论。他的兄弟说：“道狄写好的稿子，几乎没有一篇未经朱丽的修改并润饰过的。”

哈柏是瑞士伟大的博物学家以及蜂类研究的权威，他 17 岁的时候眼就瞎了。他的妻子鼓励他研究博物历史，并且依照他的思想，用自己的眼睛和观察帮助他成名。

如果对自己丈夫的工作或职业没有一些常识或了解，而想给他提供适当的帮助，这几乎是不可能的事——我们了解得愈多，就愈能帮他的忙。

即使太太对丈夫的工作并不能帮上什么特殊的忙，但她如果能对他的工作需求有大概了解的话，也可以使她对丈夫更有同情心和耐心，而成为一位更加聪慧的伴侣。

在詹姆斯·马修·巴里爵士的戏剧《每一个女人都知道的事》中，有这样一个场景：玛姬·伟利上床时，手上抱着一些她的未婚夫正在看的深奥法律书籍。她对她的兄弟们解释说："我不希望他明白的东西而我却不懂，我也要对这些有所了解。"

·让他需要你

妻子对她丈夫工作的了解程度，已经被公认为对丈夫的成功有着很大的激励作用，所以许多公司现在正努力使他们雇员的太太们获得这些常识。

从前，想要使一个大公司职员的太太除了知道他先生工作的单位以外，还要多了解一些他工作的事情，实在是太难了。然而现在已经不再是这种情况了。"公司太太们"现在正受到各种不同方式的知识轰炸：影片、演讲、小册子、公司出版物。

道斯谢先生是利里 - 杜礼柏茶杯公司的总经理，《福星杂志》引述他的话，说他正计划每两个月出版一份有关公司业务的小册子，提供给职员的太太们。

"如果她们看了这些小册子，"道斯谢先生说，"就会情不自禁地对公司的业务感兴趣而产生兴奋。"

“因公司业务兴奋”的妻子，是她的丈夫及她丈夫的雇主最重要的盟友。

瑞士欧尔利康市的某机械制造公司，曾安排公司职员的太太们参观访问公司。在这几天中，太太们参观了整个公司，并且听他们解释各种制造程序。不久，公司经理就发现，这是一项非常实用的政策，因为他们经常可以从这些太太那儿得到改进的建议。

许多美国公司也采取了类似做法，对公司员工的太太们大开其门，他们也得到了相同的效果。例如，美国布雷克皮鞋公司曾安排员工的太太们去工厂访问，鼓励这些太太对公司的计划和政策提出自己的看法和建议。

在《今日女性》杂志中，马丁·萧尔提到一位女士，她参加了中西部一家制造家用器具公司主办的参观访问活动。当她看到她先生在机器旁工作的时候，她产生了一个想法。

那天晚上，她问她丈夫，为什么他的机器不用脚踏板来替代那个高过人头的杠杆——因为用脚踏板将会节省许多时间和不必要的动作。她丈夫觉得这个建议很合理，于是把这个建议告诉了他的老板。当这个建议付诸实践后，他们的生产力增加了大约20%，而这个创意也使他得到了350美元的奖金。

男人把他生命的大部分时间都奉献在了工作上。作为他的妻子，你有特权来分享任何一种占据了他大部分时间的职业。作为妻子，在必要的时候付出关怀和帮助，不仅可以帮助丈夫获得成功，而且也可以让自己得到分享报酬的权利。

每当我阅读托尔斯泰的不朽文学名著《战争与和平》时，就会想起一件事情——他太太居然曾把这部不朽的作品亲手抄写过七遍。她可真是个“星期五女郎”！

所以，如果你想要给你先生一个额外的推动力，就别忘了这么做：

首先，尽你所能去了解他的工作；

其次，帮他做任何一种他最需要帮助的特别工作，使他的工作做得更出色。

正确对待丈夫周围的女人

为了丈夫事业上的成功，你必须和他的女秘书结成同一阵线的盟友，共同帮助你的丈夫更有效率地工作。

· 和他的女秘书愉快相处

如果女孩子最要好的朋友是自己的母亲的话，那么男人在工作中最亲近的朋友，就是他的女秘书了。一个好的秘书，应该努力使她老板的利益最大化。她不仅要确保老板的工作顺利进行，还要照料许多做不完的琐事。她不但要注意老板的意念，而且要根据他的情绪，消除他所受到的打击。女秘书的工作范围，可能包括从削铅笔到接见访问者。如果没有女秘书周到的服务，美国商业界的巨轮就不会运转得这么平稳了。

所以，毫无疑问，一个好秘书的确是男人事业成功的重要助手。

那么，对一个尽责的妻子来说，这种说法有什么意义呢？这只是说，女秘书和妻子这两个女人都有一个共同的目的，就是要使男人的事业更加远大。这两个女人都同样关心他最终的成功。如果她们能够互相合作，朝着一个共同的目标而努力，而不是互相对立的话，那么她们就可以把分散的效率加倍，并更快实现共同的目标。

但事实上，妻子和女秘书常常依照相反的目标来行事。例如，一方可能会在暗中产生猜疑，或是两个人同时嫉妒对方的贡献或影响。女秘书也许会觉得妻子自私或多管闲事；而妻子则可能会埋怨自己的丈夫，认为他更依赖另一个女人。

就我个人的亲身经历来说，我对这两方面的观点同样重视。但是经验也使我相信，想要维持良好的关系，妻子的态度更具决定性。女秘书为了要保住她们的工作，本来就希望和每个人愉快相处。

记住这些以后，我相信每个当妻子的人都可以找到一些规则，以减少摩擦，加强和女秘书的友善关系，提高和女秘书的合作水平。

· 猜疑会抵消一切美德

虽然我们认为自己的丈夫很有吸引力，值得追求，但这并不是说，他的女秘书就一定会把他当成追求的目标。女秘书欣赏的只是老板的工作能力，而在感情上通常是不会动真情的。我在工作中认识了许多女秘书，但是只见过一个喜欢抢夺别人丈夫的女秘书。依我看来，这个女孩子不论做什么工作，都会做出这种事情来。

当业务上出现问题，迫使丈夫需要加班工作时，就更需要妻子的谅解了。这时，妻子一定要知道，她的丈夫和女秘书正在绞尽脑汁，而不是跑到夜总会去喝香槟。如果丈夫有女秘书和他一起工作，而不是独自待在办公室，当妻子的应该感到庆幸才对，因为她知道有人会在适当的时候提醒他到外头吃点东西。

•让嫉妒远离心灵

在外头工作的女孩子，打扮得漂亮一点儿，是出于业务上的需要。作为妻子，如果你也想要打扮得同样漂亮，那也是没人阻止的——通常你会有更多的时间和金钱花费在自己的打扮上。如果你想要嫉妒丈夫的女秘书，倒不如把自己打扮得同样时髦和迷人。

大部分正常的男人都喜欢漂亮迷人的女孩子，不欣赏乏味而且没有吸引力的女秘书。在迷人的环境里工作，这可是人的自然的欲望——这并不像是一头野狼，瞪大了它贪婪的眼睛。一个漂亮的女孩子，就像一束玫瑰花那样，可以使办公室焕然一新。

有些太太则嫉妒女秘书的工作。她们总认为女秘书的工作太轻松了，整天只是打扮得漂漂亮亮，坐在舒服的办公室里，除了对男人甜言蜜语之外，什么事也不用做，居然还能拿那么高的薪水。

然而，这些太太们多半不知道，许多聪明伶俐的女秘书，其实都很羡慕太太。在社会上工作的女孩，都期待有一天结婚之后不再工作，来照顾家庭和养育孩子。

更进一步说，女秘书的工作并不容易。好的女秘书必须像家庭主妇那样辛劳地工作，她们却没有得到像家庭主妇那样多的报偿。

• 切勿强加于人

如果老板的妻子要求女秘书利用吃午餐的时间为她买一卷丝线，或去排队买戏票，或是其他类似的杂务，这都是不好的。这种情况下女秘书往往不好意思拒绝，只好不太情愿地牺牲她在繁忙的一天中仅有的一小段休息时间。

女秘书由于领取薪水，所以也常常要为自己的老板做许多私人杂事。例如，替老板选购送给家人的礼物，安排业务上的应酬招待，预订旅行中的旅社房间，等等。但是，女秘书们所领取的薪水中，并不包括为老板的太太服务，除非老板曾经特别要求她这样做。

• 良好风度的“市值”

虽然“我是太太，你是用人”的态度已是陈旧的观念了，但是仍然有一些老板的太太故意奚落自己丈夫的女秘书，以此来显示自己的地位。通常，在这种场合里，女秘书都比这种空摆架子的太太要更有教养和更受人欢迎。

对于一个自尊心很强的女秘书，过分地亲密也同样不合适。

作为妻子，你应该依照《圣经》上的金律，修饰自己的态度，并且设身处地为女秘书着想，用良好的风度和态度对待丈夫的女秘书。

·尊重别人才能尊重自己

每个人替别人做了事，都喜欢听到赞赏和感谢。任何一个女秘书都会做一些对老板的妻子很有帮助的事，虽然她并没有私下要求过。

例如，我丈夫的女秘书玛丽琳·勃克小姐，常常在我们度假的时候为我们预订旅社房间，在我们去餐馆吃饭之前替我们预订餐位，她还为我们预订过戏票。虽然玛丽琳把这些工作当成她工作的一部分，但从她那里获得了许多方便的是我。

女秘书同样也是人，她们当然也喜欢受到称赞。给她打一个电话，亲切地说声“谢谢”，或者是送给她一件细心挑选的礼物，这些小事都可以表示出你对她的谢意。

和丈夫的女秘书保持良好的外交关系，是妻子能够帮助丈夫的一个重要方法。

我有一个朋友勃兰克太太，她的丈夫是一家大房地产公司的会计主任，当她的丈夫碰到特别麻烦的事情时，她都会接到女秘书打来的电话。

“我想你一定希望知道，勃兰克太太，”女秘书会说，“政府的税务人员整天都在我们这儿，勃兰克先生受到了许多精神压力。在后面的四五天里，我们将会忙着整理我们的账目。我所能帮的最大的忙，就是请勃兰克先生中午多休息一会儿，好好地吃完三明治和喝完咖啡。”

于是，当勃兰克先生回家的时候，勃兰克太太就取消了所有不必要的社交应酬，特别费心地为先生准备食物，照料着勃兰克先生，帮他度过这辛苦的阶段。

这种特意地照料，并不是随时都需要，也不是天天都必要。但是在我这个朋友的例子里，她真是配合得太巧妙了。而这其中的关键是，勃兰克太太和她丈夫的女秘书都认为，她们俩是帮助勃兰克先生以最高的效率工作的共同盟友。

尽管有些当妻子的从来没有机会和丈夫的女秘书见面认识，但是我认为大部分妻子迟早都会和丈夫的女秘书接触的。这时，我们内心的态度就会流露出来。

记住以下五个原则，就可以和丈夫的女秘书愉快相处：

1. 不要猜疑。

2. 不要嫉妒女秘书的漂亮、迷人和工作。

3. 不要勉强女秘书替自己跑腿。

4. 绝对不要对女秘书傲慢、刻薄，更不要奚落女秘书。

5. 对女秘书的额外帮忙要表示谢意。

不要安于现状，勤“充电”

只有他自己努力获得的东西才是最有价值的；而他所获得的成果，必然和他所付出的努力成正比。

· 你丈夫做好晋升准备了吗

你的丈夫已经做好晋升的准备了吗？如果还没有，他目前正在为晋升做些什么努力？而你作为他的妻子，又做了多少努力呢？

大家都希望在工作五年、十年或十五年之后，能够如愿以偿获得晋升，但是很少有人在刚刚步入社会的时候，就已经具有担任高级职位的能力。他们必须一面工作一面学习，同时善于从经验和特殊训练之中学习。

社会学家 W. 罗伊特·华纳说过，美国的理想是建立在每个人都能“成功”这个信念之上——而一个人若想要出人头地，主要方法就是接受教育。华纳又说，经营公司的人，必须利用人事考核、训练计划以及晋升规定，给员工提供各种进步的机会。

许多成了名的人士，都是因为曾经利用空闲时间进行学习才获得成功的。

查理斯·C. 佛洛斯特，原来是佛蒙特州的一名鞋匠，由于他每天都利用一个小时学习，后来竟成了一位著名的数学家。

约翰·韩特以前是个木匠，他利用工作之余研究比较解剖学，每天晚上只睡四个小时，终于成为比较解剖学方面的权威学者。

忙碌的银行家约翰·拉布克爵士，也在休闲的时候努力研究，最终成为著名的史前学专家。

乔治·史蒂芬生在担任机械师值夜间班的时候，努力研究，结果发明了火车头。

詹姆斯·瓦特一面靠制造工具维生，一面研究化学和数学，结果发明了蒸汽机。

类似上面的例子太多了。如果这些人都对现状感到满足，这对于社会将是多么大的损失。如果人们总是安于现状，只是领取薪水而不再学习，那么在这个竞争激烈的社会中，这种人是不可能成功的。

当丈夫努力研究、勤于学习以争取晋升的时候，妻子们应该扮演怎样的角色呢？这时，妻子的态度将会影响到丈夫改进自己的一切努力。

• 学会一个人独处

我曾在一些夜间学校教课，其中许多是已婚的男士。他们每个星期花两到五个晚上的时间来上课。这些人无疑是有抱负的，他们想在自己目前的工作上，或者是在他们正准备从事的其他行业方面，表现得更有成就。

作为他们的妻子，在这段时间就必须学会如何独处。她们必须使自己适应孤独，并利用自己的活动来填补这个空当。

如果她们不能适应这种生活，丈夫就会因为妻子的不愉快而感到内心不安，他在学习、研究时也就无法专心。有时候丈夫干脆就放弃了他的学习，只因为太太抱怨被冷落在家里。这种女人，通常不知道她们丈夫之所以不能成功，有一部分责任在于她们——因为正是她们使得自己的丈夫想要努力学习时，却感到左右为难。

这些太太应该看看她们周围的变化，才能够了解那些成功的男人并不是生下来就有这种或那种能力的，他们必须学习技术，以获取足够的知识。即使有些男人运气很好，在结婚以前就有了些才能，但是为了跟上时代的发展潮流，适应新的法规，以及熟悉他的对手所采取的策略，他们也通常需要在婚后继续研究与学习。

我认识的一位医生曾告诉过我，如果他要花足够的时间去看他所应该研究的领域内有关新发明、新技术的文章，那么他就没有时间去照顾他的病人了。

事实上，并不是每个人都能够得到理想中的高级职位，有些男人必须在这个世界上做那些他们不太想做的工作。但是令人振奋的是，如果他愿意训练自己，使自己具备更强的能力，他就不会永远停留在低级的工作岗位上了。

• 随时保持学习的状态

这里有一个例子——是关于一位年轻律师的故事。他曾经因为没有受过什么训练，只能给人挖壕沟过日子。他的名字叫海威希。他刚踏入社会的时候，在堪萨斯城一家贸易信托公司当小职员。后来，他移居到俄克拉荷马州的马歇尔市，进入谢尔石油公司工作。他爱上了市长的女儿爱莱琳·英格，并且两人很快结了婚。

不久，发生了经济大恐慌——海威希和许多职员一样被解雇了。由于他受过的训练和经验都不足，难以担任一般书记以外的工作，而这种书记工作在当时并不缺人去干，他只好接受了他所能做的唯一的工作——以每小时 40 美分的代价，在石油管道工程里挖壕沟。

他曾把他的故事说给我听，其后半段是这样的：

“我想尽一切办法来改善生活，经营了一家小型高尔夫球场，再加上我太太在一家商店里工作的收入，我们那几年的日子总算还过得去。后来，我又被谢尔石油公司雇用了，转到俄克拉荷马州的杜尔沙市工作。我的工作是在会计部门处理有关投资的文件，但是我对于会计工作一窍不通。

“只有一个办法可以帮助我，那就是学习。所以我去了俄克拉荷马州的法律会计学校的夜校上会计课。这是我所做过的最聪明的一件事，因为这些课程使我了解到，我可以利用晚上的时间来弥补我学问上的不足。

“经过三年的学习，我的薪水也加倍了。于是我马上进入杜尔沙大学夜校上法律系的课，四年内我修完了全部学分，不仅得到了学位，还通过了律师资格考试而成为一名合格的执业律师。

“但是我仍然不满足，所以我又回到夜校去学习，准备参加会计师资格考试。研究高等会计三年多以后，我又学习了一项当众演讲的课程。最重要的是，这么多年以来的夜校学习，已经使我的薪水比十二年前挖壕沟的时候多了十二倍。”

海威希先生除了在自己的律师事务所执业以外，还在俄克拉荷马州的法律和会计学校给学生授课——而他自己以前曾经是该校的学生。海威希先生的故事告诉所有作为妻子的女人，男人只有通过学习，才能获得成功——任何一个愿意付出时间和努力的男人都可以做到这一点——而且他的太太必须非常合作。

一个男人整天工作，而且连续几年每个晚上都要学习，这不是一个轻松的计划。他需要从妻子那里得到所有他能够得到的鼓励，以支持他不致半途而废。他常常会感到厌倦、失望，并且会怀疑这些努力是不是在浪费时间。

因此，当个好妻子并不容易，尤其是在刚结婚那几年，那也往往是她最需要自我改进的时候。作为这样一个“夜校寡妇”，应该如何保持安定的心情呢？最聪明的办法就是，拟订一个自己的学习计划。

·尝试一切可能的机会

如果经济许可，妻子可以和丈夫参加同样的训练课程，使自己能更专业地帮助丈夫工作。妻子还可以学习一些相关的科目，以补充丈夫的知识。或者妻子还可以学习一些完全不同的功课，纯粹只是为了乐趣，或是扩展自己的兴趣。

无论如何，如果夫妻两个人一同去上课，那么学习起来必定会很有意思的，你也不会感到寂寞和孤独了。

如果你丈夫正在花费他部分或全部的晚上改进自己的能力，以便抓住机遇，争取成功，那么你也不必因为孤独而难过，平白浪费了那些时间。你应该把那些时间当成一个机会，有效地利用它们。例如你可以去图书馆办理一张借书证，人类累积起来的智慧就在那儿等待着你去探索。

当你丈夫在学校里学了四年，或是获得了学位，并不表示他已经完成了所有的教育。教育是一个不断进步的过程。你丈夫如果想抓住每一个机会，就必须在一生之中使用各种方法不停地学习——而且你也必须如此。他所学习、研究的东西，会由他所做或是他所想做的工作来决定，而你却有较大的范围可以选择。最重要的是，妻子必须了解，如果丈夫想在社会上出人头地，那么，他必须不断地学习，而且妻子在这个计划中的完全合作，也是绝对必要的。丈夫花在学习上的时间和金钱，对于家庭的前途是一种有意义的投资。

作为妻子，你不应该怀疑自己所受的这些孤独和对于娱乐与享受所做的牺牲是否值得。如果你知道这种牺牲多半可以得到成功的报偿，你就会体谅的——因为这个世界仍然是属于自立奋斗而成功的人的天下。

你感到怀疑吗？那就请你看看下面这些人，他们都是最近获得美国大学与学院联合会所颁发的何拉休·亚尔杰奖的杰出人物。前任总统赫伯·胡佛，他是爱荷华州一个铁匠的儿子，6 岁时成为孤儿；亨利·克隆上校，他曾经当过电话接线员，现在是华道夫·亚士托和亚董事会的主席；汤姆士·J. 华特生是 IBM 公司的董事长，他当初担任图书管理员的时候，周薪才 2 美元；保罗·G. 霍夫曼，曾经当过行李搬运工，他现在是史都德贝克公司董事会的主席。

你的丈夫也可以抓紧他能够参加的各种教育机会，不断提升自己的能力，最终获得成功——当然，还要加上你的支持和鼓励。

男人如果想要更优秀，就会更想要扩展自己的知识和才能。美国驻联合国大使欧尼斯·格罗斯，有一天晚上在宴会上对我说，他正在参加一个夜校的速读课程，以便更有效率地处理他所收到的大批信件。

所以，如果你的丈夫正在做“学生”，你应该为此而感到高兴，并且还要鼓励他继续努力，这样做将会大大增加他的成功机会。

A. 劳伦斯·洛威博士，生前是哈佛大学最伟大的校长之一，他曾说过这样一段话：

“只有一种方法能够真正地训练一个人，就是这个人自动使用自己的脑子。你可以帮助他，你可以引导他，你可以暗示他，而且你还可以激励他。但是，只有他自己努力获得的东西才是最有价值的；而他所获得的成果，必然和他所付出的努力成正比。”

共同面对生活的挑战

许多女人都认为，丈夫应该肩负所有的责任，而不论他的处境是好是坏。然而她们忘了，夫妻是一个共同体，有时候为了拖出陷在泥潭中的车子，当妻子的也需要付出额外的努力。

· 付出你的努力，幸福需要一起创造

约瑟夫·艾森堡在一家洗衣店当了二十五年的送货员，但是他突然间就被老板解雇了。

像他这样一个没有受过特殊职业训练的人，想要再找份工作是很困难的，而且对中年人来说尤其不容易。当艾森堡夫妇正在为找不到工作而发愁的时候，恰好有一家面包店准备转让。价钱还算合理，但是他们必须把自己所有的积蓄都投进去。

这还只是刚开始。艾森堡太太知道，在生意还没有做稳之前，他们是没有能力雇人帮忙的，于是她便全身心投入进来，努力拓展这个新业务。

那时候，除了做家务以外，她还必须在面包店中长时间工作，帮丈夫招待客人。除了打扫卫生、洗刷碗柜、做饭之外，她每天还要在面包店里站上八到十个小时——这些劳累就足以使任何一

个人感到泄气了。

“但是，”珍妮·艾森堡说，“我高高兴兴地做着这些事，因为我知道，这是我丈夫重新闯出一片天下的大好机会。

“现在，我们的面包店已经开业五年了，生意十分好。我们的经营很成功，而且扩展到了足够应付一切需要的规模。我们能够以自己的努力来开展这个事业，实在很值得骄傲。”

然而，有许多家庭在碰到了像艾森堡先生失业的这种难题以后，由于妻子不愿意帮助丈夫渡过难关，以致家庭的整个经济状况开始走下坡路。

许多女人都认为，丈夫应该肩负所有的责任，而不论他的处境是好是坏。然而她们忘了，夫妻是一个共同体，有时候为了拖出陷在泥潭中的车子，当妻子的也需要付出额外的努力。

这儿还有另一位女士的故事，她也是在必要的时候付出了自己所有的能力。

威廉·R. 柯门太太不仅帮助她丈夫的生意，还同时拥有自己的事业，使他们的家庭有了很好的经济基础。

柯门太太是一名护士。当她嫁给比尔·柯门先生的时候，比尔白天在公司工作，晚上则去夜校上课，以便获得大学毕业证书。为了使比尔不放弃在夜校的学习，柯门太太婚后仍然继续当护士。她很希望丈夫保持不缺课的纪录，所以她在生下小女儿的那天晚上，她仍然坚持让丈夫送她到医院以后再赶去上课。在六年之中，比尔从没有错过一堂课——终于，在他的母亲、妻子和女儿骄傲的注视中，他得到了毕业证书。

当比尔找到了推销不锈钢厨具的工作以后，他的妻子就充当他的助手。他们一起举办示范餐会，妻子做菜，比尔则在一边向人们推销。

后来，比尔的父亲去世了。在此之前比尔和他的兄弟承包了一家印刷厂，这时，比尔和妻子便买下了比尔兄弟的印刷厂股份。为了付款，他们必须向银行借一笔钱。于是柯门太太又去当护士，帮助丈夫偿还这笔债款；而每个晚上和周末，她都在印刷厂给比尔当助手。

“我很高兴，”她写道，“如果我们能够继续健康地工作，那么在五年以内，我们就可以付清房子和生意上的债款。然后我将辞掉工作，为比尔和孩子们做好家务。”

柯门太太的确是一个能够在关键时刻和丈夫一起工作并且善于为丈夫工作的好妻子，就像艾森堡太太那样。由于这种助手只是临时的，因此她们的工作效率都特别高。

· 有经济能力的女人，生活更有底气

家庭生活里的某些危机，例如，欠债、疾病或是失业，常常需要妻子暂时到外面去工作。这时，作为妻子，你就需要挺身而出，因为你是在为家庭的幸福而工作，而不是想以拥有自己的事业来获得自我满足。

我认识一位女士，她在这种情况下做得很好，甚至为整个家庭创造了新的生活意义。她就是乔纳森·威特·史坦的太太，她和她的先生及五个孩子住在新泽西州。

史坦先生是个推销员。好几年前，一场重病的袭击，使他没有办法去全力工作。为了养活这个大家庭，他的妻子必须和他共同面对挑战。

史坦太太很快把她拿得出手的本事回顾了一遍：她对于办公室的工作没有任何经验，也没有才能；她做得最好和最喜爱做的事情，就是特制餐点。比如小孩子的生日点心、结婚蛋糕、宴会甜点。她以前常常替朋友们做一些特别的餐点，但那只是因为她喜欢做而已。于是史坦太太把她心里的想法告诉了一些人，当她的朋友开宴会的时候，会特意请她去帮忙。她做出来的精致而不寻常的餐点，总是这么可口，她很快得到了人们的称赞——更多的订单源源而来，她不得不训练助手来帮助她。由于所有的餐点都是在她自己的厨房里完成，所以她的丈夫和孩子们全都来帮她。后来，她的生意愈做愈大，她就成为一个专为酒席制作餐点的名人，并且担任了她所在城市的宴席顾问。

现在，她的生意已经发展到必须长期雇请一位帮手的规模了。她把自己最著名的开胃菜做好包装后，送到冷冻食品市场去卖，并且为半径 50 英里之内的宴会准备餐点。

史坦太太取得了如此大的成功，史坦先生也全身心投入到她的事业中来，现在已经当上了营业经理，可以说他和他的妻子有最完美的合作。

“我讨厌价钱、成本和开账单，”史坦太太说，“我忙着创造新的食谱，来准备供应我的特制餐点。我只能让我的丈夫来照料所有生意上的细节，这可真是一项最伟大的事业。”

家庭主妇无法预料将会发生什么意料之外的困难，使家庭的经济来源突然中断，迫使自己必须亲自去赚取部分或全部的家庭收入。那你为什么不马上寻找自己可以应用的才能？一旦将来发生意外，你就会有足够的准备，去面对这个紧急变化。

第三章

婚姻会经营，

才能获得终生幸福

学会戴“高帽子”也是一种爱的智慧

真诚的赞美和激励，是值得妻子尝试，而且一定能使丈夫发挥出最大能力的有效方法。

·不挑剔的智慧

向丈夫说“你无论如何也不会成功”的妻子，其结果只会使这句话更快变成现实。

“每一个男人事实上都是两个人，”查士德·斐尔爵士写道，“一个是他真正的自己，另一个则是理想中的自己。”只有优秀的女人，才能将这两种形象合二为一。

没有一个男人不希望成功的。如果一个男人本来是羞怯的，他就想要勇敢些；如果他并没有广受欢迎，他就想要被大众所喜欢；如果他缺乏信心，他就渴望成为任何时候都毫不惧怕的人。

作为妻子，职责就是帮助她的丈夫成为他理想中的那个人。要做到这一点，需要相当的智慧。不要挑剔他，也不要拿他来和隔壁的某某人相比，也不要设法使他工作过量，而是应该温柔地鼓励他、赞赏他，给他加油打气。

当男人受到妻子的赞美，当他们听到“你真了不起，我很以你为荣，我真高兴你是我的”这种话的时候，几乎没有人不会高兴得跳起来。

许多成功的男人都可以证明这种说法的真实性。有一位派克斯先生，他拥有自己的公司——派克斯货运和装备公司。

“我确信，”派克斯先生在给我的信中写道，“一个男人不但可以成为他理想中的人，而且还可以成为他太太所期望的人。这些年来，我曾雇用过许多人，但是在我和他们的太太谈过话以前，我绝不会把一个需要信任或需要负责任的职位交给他。妻子的人生观是否正确，以及她鼓舞她先生干劲的程度，可以决定一个男人在事业上的成败。我自己的经验就是一个例子。

“我太太在嫁给我以前，要什么有什么——她的父母很有钱，她也接受过良好的教育，有一个快乐的家庭。我既没有钱，而且只受过很少的教育，没有什么资产——除了想要自己闯天下的欲望，以及她对我的信心与信任之外，我什么也没有。

“在我们婚后最初那几年艰难的日子里，当我面对失败与挫折而奋斗的时候，她的理解和不断的激励，始终是鼓舞我继续努力的动力。

“在我的生命中，如果取得了什么成功，这全都是我太太不断给我支持的结果。过去几年来，她患了重病，但是她从来没有失去她的快乐。她的第一个想法仍然是要帮助我。早晨，当我离家的时候，她从不会忘了问我‘鲍勃，有没有什么事要我今天办好的’；当我回家的时候，她就要听听我说这一天的情况。我祈祷上帝，永远不要让她失望。”

不幸的是，有些女人并不像派克斯太太，她们一心想要自己的丈夫超过他本身的能力范围，而成为她们想象中的那个人。这种女人总是渴望比某某人的家里更富有，想开新车子，穿更昂贵的衣服，加入独特的俱乐部，于是她们的丈夫就永远没有希望满足她们的需要了。

·鼓励让他进步

使男人进步的方法，并不是要求他，给他压力，而是激励和鼓舞他。

妻子应该怎样鼓励丈夫，使他成为他理想中的样子呢？要给他嘉勉和赞赏，要找到他最能够施展出来的才华。

如果丈夫需要建立信心，你可以指出他所做过的有勇气的事情来。“记得那一次，你告诉老板如何减少你部门中的浪费吗？那实在需要很大的勇气——你真了不起，你做到了啊！”

就连最怯弱的男人，如果有个女人向他表示他是镇静而且能干的，他也会敞开他的胸怀去努力。更进一步地，他还会开始觉得，也许他实际上比自己表现得更勇敢——于是他将会表现得更好了。

用这种技巧，难道不比告诉他“我不知道你为什么这么没用”，“你从来都不能替你自己讲话”，“你甚至不敢对一只鹅说一个‘哼’字”要更好吗？你必须给男人一些东西去鼓舞他。

作为妻子，永远不可以对丈夫说：“你真没用！”玛格丽特·卡金·芭宁在写给《四海》杂志的一篇文章里如此劝告我们：“如果他真的失败了，他的老板将会毫不迟疑地告诉他，但是在家里，在吃早餐的时候，在床上的时候，妻子应该勉励他，认为他一定能够成功。”

这是千真万确的。一个女人说出来的经过明智思考的话，可以改变一个男人对自己的整个看法，使他变得更好，并使他对生命产生全新的看法。

就拿汤姆·琼斯顿来说吧——他是一个“二战”之后退伍的年轻人。汤姆·琼斯顿在战争中受了伤，他的一条腿有点儿残疾，而且疤痕累累。但幸运的是，他仍然能够享受他最喜欢的运动——游泳。

有一个星期天，也就是他出院以后不久，他和他的太太去汉景顿海滩度假。在做了简单的冲浪运动以后，琼斯顿先生在沙滩上享受日光浴。不久，他发现大家都在注视他。从前他并没有在意过自己这条满是伤痕的腿，但是现在他知道这条腿太惹眼了。

到了第二个星期天，琼斯顿太太提议再到海滩去度假，但是汤姆拒绝了——他说他不想去海滩，而宁愿待在家里。他太太的想法却不一样。“我知道你为什么不想去海边，汤姆，”她说，“你开始对你腿上的疤痕产生自卑了。”

“我承认了我太太的话，”琼斯顿先生说，“然后她向我说了一些我将永远也不会忘记的话，这些话使我的心里充满了喜悦。她说：‘汤姆，你腿上的那些伤疤正是你勇气的勋章，你光荣地赢得了这些疤痕。不要想办法把它们隐藏起来，而是要记住你是怎样得到它们的，而且你一定要骄傲地带着它们。现在走吧，让我们一起去游泳。’”

汤姆·琼斯顿立即同意了，他的太太已经消除了他心中的阴影，甚至让他有了更好的开始。

·切勿羞于赞美

真诚的赞美对推销员也会产生积极的影响。

波士顿商会的销售代表俱乐主办了一个有关推销术的课程。这个课程总共五个晚上，大约有五百名推销员和营业人员参加了这一课程。在这个课程的最后一个晚上，这些销售代表的太太都被邀请前来参加。这些太太欣赏了一个特别的节目，这个节目告诉她们一些方法，去鼓励她们的丈夫变得更有智慧，而且能得到更好的销售成果。

其中，有一位演讲者是大卫·盖·鲍尔博士。他是一名销售顾问，还担任西 - 鲍尔斯协会会长，而且是《过个新生活》一书的作者。鲍尔博士勉励每一位太太，在每天早晨送她先生出外工作的时候，要让他充满信心而且心情愉快。如果她希望她先生提高销售业绩，该怎么做呢？“让他觉得自己已经成为他理想中的那个人。”鲍尔博士说。

“对他说他多么潇洒——即使他所喜欢的装扮早已经过时了。赞美他所喜爱的领带。称赞他的风度，而不要提起前一天晚上他在宴会上所说过的失礼的话。告诉他，你相信他正要去征服所有的顾客——最后，他一定会做到的！”

如果像鲍尔博士这么杰出的销售顾问都相信这种方法是有效

的，那么你和我为什么还不试试看呢？我们将要获得的——更快乐和更热心的丈夫——是非常值得我们付出这些小努力的。《人文学年鉴》中充满了由失败而神奇地变成世界知名人物的例子，他们也是由于一些赞赏的话从而走向成功的。

你认为这很夸张吗？让我们再看看艾礼·卡柏森的例子吧。他是一个杰出的桥牌手。有一次，卡柏森先生在访问中告诉我丈夫，说他在 1922 年刚到美国的时候，不论做什么事都以失败告终，甚至是个最差劲的桥牌手。但是当他娶了一位名叫约瑟芬·狄伦的迷人桥牌老师以后，他的运气开始改变了。她说服他，使他相信自己是一个很有潜力的桥牌天才。他太太的鼓励，终于使他选择桥牌作为自己的终身职业。

是的，真诚的赞美和激励，是值得妻子尝试，而且一定能使男人发挥出最大能力的有效方法。我们完全尽力了吗？没有人知道。但只要你给予真诚的赞美，相信你的丈夫一定会变得更优秀、更成功。

聆听是让人心悦的艺术

对女性而言，一对敏感而善解人意的耳朵，比一对会说话的眼睛更讨人喜欢。

· 有困难，我们一起来面对

1950 年 12 月，一个名叫比尔·琼斯的男人，从芝加哥一栋五层楼高的楼顶上跳下来。他跳楼的原因是忧虑和害怕。

他那曾经兴旺一时的事业遇到了危机，因为他扩展得太快了——债权人全都来催逼他，他的许多支票在银行无法兑现。最糟糕的是，他觉得他不能和他太太一起承受这些灾难——他的太太一直都以他的成功为荣，所以他没有勇气告诉她这些事，他害怕这些事会使她远离幸福，掉进羞耻和绝望的深渊之中。

比尔·琼斯的困境，使他走上了仓库的楼顶。他犹豫了一下——然后跳向空中。他跌下五层楼，穿过了底楼窗上的遮阳篷，掉在了人行道上。从常识来判断，他必死无疑。但是，让人不敢相信的是，他所受到的最大伤害也只是损伤了大拇指的指甲。最让人觉得滑稽的是，他所穿破的遮阳篷是他唯一完全能付清款项的东西。

当比尔·琼斯的意识清醒过来，发觉自己还活着时，他感到很兴奋。和这一奇迹相比，他从前的麻烦没有一件是重要的了。五分钟以前，他还觉得自己的生命是一种毫无用处的污秽，而现在，他却因为自己还活着感到激动。

他赶忙回到家里，把整个事情说给了他太太听。他太太似乎有点儿慌乱——但这不过是因为他从前没有把他的麻烦告诉他太太而已。她开始坐下来和他一同想办法，为他解决困难。好几个月以来，比尔·琼斯这才真正放松心情，做一些正确与有用的思考。

现在，比尔·琼斯有了成功的事业，不再有欠债了。更重要的是，他已经学会了如何和他的太太一起共渡难关，就像他们一起分享胜利那样。然而，曾经的比尔·琼斯也极可能送了自己的性命——因为他不知道自己的太太也能和他一起渡过难关。

比尔·琼斯的故事告诉我们，如果丈夫不信任自己的太太，这不能完全算是太太的过失。有些男人，例如以前的比尔·琼斯，他们有一种错误的观念，认为用事业上的忧虑来麻烦自己的太太是不妥的。他们想带给太太所有美好的东西，想成为事业上的成功者，想成为把上等毛皮大衣带回家的大男人。

当事情不顺利的时候，他们想方设法瞒住自己的太太，以免让害怕与不安装满她们的小脑袋。他们耻于承认自己的失败和挫折。他们从没有想到，不论好坏，他们都应该让他们的太太和自己共同来面对并解决这些难题。

·亲爱的，你想说什么

可是，我们更常看到的是，一些男人很想把他们的困扰说给自己的太太听，但是太太们不想或者不知道该如何去听。

1951 年秋天，《福星》杂志刊出了一篇调查报告，这是专门针对公司员工的妻子所做的。他们引述了一位心理学家的话："一个男人的妻子所能做的一件最重要的事情，就是让她的丈夫把他在办公室里无法发泄的苦恼全都说给她听。"

能够尽到这种职责的妻子，无疑是丈夫的"安定剂""共鸣板""哭墙"和"加油站"。

这份调查研究报告还指出，男人需要的是妻子主动、灵巧地倾听，他们通常不想听妻子的劝告。

任何一个曾经在外面工作过的女人都会了解，如果她可以和家里某个人谈谈这一天所发生的事情，不管是好的还是坏的，对她来说都是很值得欣慰的事。在办公室里，人们常常没有机会对所发生的事情发表意见。如果我们的事情特别顺利，我们也不能在那里开怀唱歌；如果我们遇到了困难，我们的同事也不想听这些麻烦——因为他们自己已经有太多的困扰了。结果，当我们回到家时，我们就会觉得自己必须痛痛快快地发泄一番。

然而，我们在现实中最常见的事情是这样的：

比尔回到家，上气不接下气地说道："老天，梅尔，今天真是一个伟大的日子！我被叫进董事会，去讲解我所做的那份区域报告。他们要我把建议说出来，而且……”

“真的吗？”妻子梅尔说，一点儿也不关心的样子，“那真好，亲爱的。先吃点儿酱牛肉吧。我有没有告诉过你那个早上来修理火炉的人？他说有些地方需要换新的。你吃过饭后去看一下，好不好？”

“当然好，亲爱的。噢，像我刚才所说的，老索洛克蒙顿要我向董事会说明我的建议。刚开始我有一点儿紧张，但是我终于引起他们的注意了，甚至连毕林斯都很激动，他说……”

梅尔：“我常认为他们并不够了解你，也不够重视你。比尔，你必须和咱家小儿子谈一谈他的成绩了。这学期他的成绩太糟了，他的老师说如果他肯用功的话，成绩一定可以更好的。我对他已经没有办法了。”

这时，比尔发现他在这场争夺发言权的战争之中已经失败了，于是他只好把他的得意和酱牛肉一起吞到了自己的肚子里，然后去完成太太交给他的有关火炉和小儿子成绩的任务。

难道梅尔自私得只希望有人听她的问题吗？不是的，她和比尔同样都需要找个听众，但是她把时间搞错了。其实她只要全心全意地听完比尔在董事会里的得意之事，比尔就会在自己的情绪抒发完了以后，很乐意地听她谈谈家事了。

善于倾听的女人，不仅能够给自己的丈夫带来最大的安慰，同时也拥有了无法估量的社会资产。一个文静的、不虚饰做作的女人对别人的谈话着了迷，她所提出的问题足以显示她已经把谈话中的每个字都消化掉了，这种女孩子最容易在社会上成功——不只是在她丈夫的朋友群中成功，而且也在她自己的朋友群中成功。

以机智闻名的杜狄·摩尼，描述一个懂礼貌的男人时说：“当他自己最清楚了解的事情被一个完全不懂的门外汉说得天花乱坠时，他仍旧很有兴趣地听着。”其实，大部分女人也都适合这一描述。

事实上，一个善于倾听的人，有时候也会被一些无聊的事情弄得心烦意乱。但是，机灵的倾听所得到的收获，通常可以增加许多自己所没有的知识。

女演员蒙娜·罗伊在一篇写给《纽约先锋论坛报》的文章里，提到她接任联合国教科文组织代表的工作以后，“倾听和学习”就成为她的口号。她说，跟来自不同国家的许多代表谈话，增加了她对那些国家的了解。

“当然，”罗伊小姐解释说，“在许多时候，你也必须在谈话中忍受一些无聊的话题。但是我觉得，被人们当成一个具有智慧的好听众，总比把自己完全封闭在一个毫无意义的话题之外要好得多。”

• 倾听是最好的恭维

那么，怎样才能成为丈夫的“好听众”呢？至少要有下列三个条件——这三件事是一个好听众所必须做到的。

1. 用眼睛、面孔、整个身体倾听——而不是只用耳朵

如果我们真正热心地倾听别人说话，我们就会在他说话时专注地看着他，我们还会稍微向前倾着身子，我们脸部的表情也会有反应。

认真倾听，当一个好的听众，不仅可以给说话者积极的暗示，倾听者也可以从中获得许多知识。

玛乔丽·威尔森是魅力训练方面的权威，她说："如果听众没有什么反应，很少有人能够把话讲好。所以，当一句话打动了你的心，你就应该动一下身体。当一个主意适时地感动了你的时候，就像你心里的一根弦被拨动了，这时你就该稍微改变一下坐姿。"

如果我们想要成为一名好听众，就必须做得好像我们很感兴趣——我们必须训练我们的身体，机敏地表达自己的感情。

注意那只在老鼠洞外等待老鼠的猫，如果你想知道如何才能有表情地倾听的话。

2. 问一些诱导性的问题

什么是诱导性的问题？诱导性的问题就是在发问时灵巧地暗示发问人内心已有的一个答案。直截了当的问题有时候显得粗鲁无礼，诱导性的问题却可以刺激谈话，并且可以继续推动话题进行下去。

"你如何处理劳工和主管问题的？"这是一个直截了当的问法。"史密斯先生，你难道不觉得，让劳工和主管在某些范围内获得相互妥协是很有可能的吗？"这就是诱导性的问法。

诱导性的问话，是任何一个想要成为好听众的人所必备的技巧。如果你要聆听丈夫的谈话，并且不直接提出他不想听的劝告，那么诱导性的问话就是一个不会失败的技巧。

我们只需这样发问："亲爱的，你认为做更大的广告可能会拓展你的销路，或者将有可能也是一种冒险吗？"你提这种问题并不是真的在给他劝告，但是这种问法常常会得到相同的结果。

当我们遇到陌生人时，正确的提问方法是克服羞怯或打破沉闷的最好工具。当人们开始谈到自己的想法，而不是谈天气、谈棒球，或谈某人的疾病时，他们就会说得忘我了。

3. 永远不要泄露秘密

有些男人从来不和他们的妻子讨论事业问题的一个原因是：这些男人不能保证他们的妻子不会把这些事情泄露给她的朋友或美发师。他们讲给自己太太听的每一件事情，都有可能从她们的耳朵进去，然后又从她们的嘴巴说出来。

“约翰希望在维吉先生退休以后马上得到公司的经理职位。”这是丈夫在桥牌桌上随便说出来的话，但是第二天就有人打电话给约翰对手的太太了——于是，约翰就在完全不知道原因和真情的情况之下，被暗中排挤掉了。

我曾访问过的一个公司总经理告诉我，他在家里谈论公司里的问题，竟也会流传到公司，甚至使他的职员丧失信心。“我很讨厌在超市或鸡尾酒会上大谈公司的业务。那些女人真是太多嘴了！”他轻蔑地说道。

甚至还有一些女人，会利用丈夫对自己的信任，而在以后的夫妻争论中拿出来作为打垮他的工具。例如下面这种情况：

“你自己亲口告诉过我，你曾经只因为一纸契约，就买下了那些大量而不必要的剩余物品——而现在你却说我浪费太多钱去买衣服。难道只有我奢侈？哈哈！”

像这样的场面多发生几次，这个小女人就不会再受到她先生向她大谈业务的“骚扰”了。她丈夫将会发现一个事实：自己对妻子倾吐过多的实情，只不过是给了她一些打倒自己的把柄而已。

成为一个好的听众的最佳条件是：妻子不必以为，越了解丈夫工作的细节，越能使他得到满足。如果她的丈夫是个绘图员，他就不会希望他太太了解如何绘制蓝图。但是，当他工作的时候，她要对发生在他身上的事情具有同情心、有兴趣，并且提高注意力。

我所认识的一个会计师娶了一个女人，这个女人对于会计的了解，就像我对于分子理论那样一窍不通。我的朋友却说："甚至在我公司发生的最有技巧性的问题，我都可以向她说个痛快，而她似乎也都很直觉地领悟了。回到她的身边，知道她将会灵巧而有耐心地听我讲话，这是多么奇妙啊。"

真的，一对敏感而受过训练的耳朵，将会使一个女人更加可爱，并使她有一张比特洛伊城的海伦还要美丽的面孔——而且能为她的丈夫带来更多的好处。

女人的成熟比成功更重要

如果你丈夫的工作需要你和他一起搬来搬去，那么你应该记住下面的建议，要愉快地跟着他到处跑。

·别做“爱哭的小孩”

一些男人经常抱怨说，由于他们的妻子不愿意离开熟悉的环境，他们便要被束缚在一个固定的地方和工作中。佛恩·L.艾略特是费城大西洋精炼公司的总经理，他把这种妻子称作“爱哭的小孩”，并且认为她们是阻碍丈夫成功的一大绊脚石。

另外一位总经理也告诉过我，他公司有一个很有前途的年轻职员，由于他妻子，他只好伤心地放弃了一个他好不容易才争取到的晋升机会——他的妻子舍不得离开自己的父母、老朋友、教室和心爱的客厅。

当一个家庭刚开始在某个地方适应下来的时候，如果要他们再搬到一个陌生的环境去工作，确实需要很大的勇气。必须有很好的婚姻基础，才能适应这种变迁。例如在第二次世界大战期间，有许多在战争中结合的年轻夫妇，由于妻子没有办法适应从一个军营不停地迁移到另一个军营的劳累，也缺乏在动荡不安的环境和时代中建立家庭的能力，最终使得婚姻走向破裂。

但如果是一个适应能力很强的妻子，就应该能够轻易地克服这些障碍。弗吉尼亚州诺福克市的雷伦德·克西纳太太就是这样一位好妻子。在一篇文章里，克西纳太太写道："两年前，我的丈夫应征要到海军去服役。离开我们新近布置好的家，带着我的小儿子跑遍全国各地，这个念头对我来说实在是最糟的事了。未来的两年看起来像个巨大又浪费时间的空白。当我迁移到我们第一个驻地的时候，我相信我将会过得很伤心。

"但是现在，我们已搬了好几次家，我觉得过去的想法实在是太孩子气，太娇生惯养了。我丈夫马上就要退伍了，我们正计划永久定居下来——我们都希望如此。虽然我对于未来的日子感到很激动，但是我必须承认，当我要告别这种生活方式的时候，我却有点儿伤心。在过去的两年，我感到非常愉快，因为我已经学会了解和生活在许多不同类型的人群之间，学会了容忍和了解那些想法和做法与我不同的人。当我所盼望的某些事情落空的时候，我学会了忽视它们。而且我更加深刻地了解到，一大堆器具和用品并不能建立一个快乐的家庭，更主要的是你自己要意识到爱心、谅解和温暖，而且任何情况下都要尽自己最大的努力去做好。"

如果你也面临从熟悉的环境中离开而搬到一个新地方的困扰，希望你记住下面这三条建议。

·尽你所能去做

环境和工作内容与人一样，都是不能完全相同的。如果你丈夫在原来的职位好像比新职位更有地位一些，你也不必为此而泄气。因为新的工作岗位可能会给他带来更多的发展机会。

尽你所能去做，试试你自己的胆识，也许你会得到意外的惊喜。

有一年夏天，我丈夫到怀俄明州立大学暑期班去授课。由于当时找不到房子，我们只好住到专门为结婚的退伍军人和他们的家眷建的简陋的房子里。我承认，我那时对那个地方真的提不起一点儿兴致。

但是住在那个地方一段时间之后，它竟然渐渐变成我生命中最丰富、最值得纪念的经验之一。那里的房子很容易清理，而且我们的邻居都很好。那些年轻的男人和女人一同去学校上课，共同养育自己的孩子，并且愉快地把他们并不怎么富裕的生活用品做了最大的发挥。这使得我对于自己当初的行为感到非常惭愧。

那年夏天，我们结识了许多好朋友，而且也了解到，成功和幸福与人们的生活水准并没有什么关系——只要生活过得去就可以了。

·聪明女人会容忍

我有一个朋友和她的丈夫一起迁到一个小工业城去。这是她丈夫期待已久的一次晋升。但是她只在这个小城里待了二十四个小时，就迫不及待地整理行装回到他们原来的家里。她丈夫所加的薪水只够多请一名女佣，最后她先生只好申请调回原来的工作——这都是因为我那位朋友不愿意好好地尝试她先生调职后的新生活。

·不如改变自己

如果你搬到了一个新地方，就必须下更大的功夫去结交新朋友，到新教堂做礼拜——或者参加新的俱乐部和各种民众团体——让你自己和新环境中值得交往的人打成一片。与其抱怨你所不喜欢的事情，还不如设法改变自己，尽快适应新环境。如果你改变不了，就一笑置之吧。因为在这个世界上，本来就找不到一个十全十美的地方。

罗勃特·瓦特森夫人和她丈夫已经在世界上的许多角落待过，因为她丈夫是卡特尔石油公司的地球物理专家。瓦特森夫妇和他们的四个孩子，曾住过世界上最荒凉遥远的地区，他们却过得很舒服快乐。我认为很难找到比他们更幸福、更和谐的家庭了。

瓦特森太太认为，家庭是心灵和精神的休憩所。

“调职命令一下来，我就马上整好全家的行装，准备出发。我们家每个人都发现，这世界上的任何一个地方都可以供我们学习、享受和成长——如果你用心去寻找它们的话。

“当我们住在巴哈马群岛的时候，我们知道有一位著名的潜水比赛冠军正在那里教潜水课。这是我们家‘美人鱼’苏西的一个大好机会，她可以从专家那儿得到真传了。

“结果，她进步很快，并在潜水比赛中得了奖。如果我们住在别的地方，也许她就不会有这个好机会了。还有一次，我听一位总经理提起，”瓦特森太太继续说，“他的公司必须选派几位职员到国外去服务，但他们的太太一定能够适应才行。其实，适应新环境的最好方法，是在那个陌生的地区，尽量利用最佳的机会，多获取新知识，而不是整天抱怨过去的家里是多么好。”

所以，如果你丈夫的工作需要你和他一起搬来搬去，那么你应该记住下面的建议，要愉快地跟着他到处跑。

1．不要期望新环境和旧环境一样好。

2．尽快适应新环境。

3．多一点儿容忍和耐心。

4．尽量利用新机会，不要舍不得过去的事情。

总之，搬来搬去又有什么不好的？谁愿意老是住在同一个地方发霉呢？

各自忙碌，互相牵挂

当你丈夫工作过度，对工作以外的任何事情都变得又聋、又哑、又瞎时，你就是他最好的五官。

几个月以前，有一位老朋友顺路来看我们。他看上去很疲倦也很不快乐。

“我不知道该怎么办，”他告诉我们，“六个月来，我一直加班工作，想替我们公司设立一家分公司。每天晚上我都很晚回家。等我做完这件艰难的工作之后，我就可以在正常的时间回家了。但是海伦对于我晚上不回家吃饭，以及我们不能一起出去逛街很不高兴，这也使我提不起精神来。建立这个新公司，对我们两人都非常重要，但是我没有办法让她了解这一点。我非常担心，几乎没有办法全心全意做我的工作。”

我这位可怜的朋友正受到工作和家庭两方面的压力，难怪他会这么筋疲力尽。

他的问题使我想起以前，当时我丈夫正在赶写一本书。我几乎搞不清楚，在那期间我们两人究竟谁更辛苦。虽然他待在家里写作，而我却很少看到他，因为他把自己关在书房里，总是埋头写到深更半夜——而且几乎每天晚上都是这样。

在此期间，我们不能一起出去参加社交活动。他为了赶进度，我们不能一起娱乐，或是到什么地方去游玩。幸运的是，我们的朋友都很能理解。

那段时间我很孤独，但是我一直很注意戴尔有没有适当地吃东西、休息和呼吸新鲜空气。我还参加了一些俱乐部，经常去看看我们的朋友，并且培养了自己更多的兴趣。

真不可思议，他那本书就这样写完了，我们又可以一起过以前那种生活了。

对太太来说，在某些异常辛劳的日子里，当然不像野餐那么愉快——虽然这些工作对她们的先生来说，可能是必要的或者是很让他着迷的。作为妻子，这时应该站在丈夫的旁边，像一个护士、保镖和精神支柱那样——静静地咬紧牙关，盼望过正常生活的那一天早日到来。成功的嘉奖鼓舞着我们的丈夫，使得他们对于手头工作以外的任何事情都变得又聋又哑又瞎，但是我们并没有感受到这种奖励，这时我们应该怎么做，才能使自己适应这种不寻常的日子呢？我们应该如何帮助自己的丈夫，让他尽可能轻松地度过这些日子呢？

以下这些想法曾经帮了我很大的忙，相信对其他人也会有效。

·小点心，花样多

常常给他东西吃，但一次不要给太多。如果他必须抢时间迅速吃完晚餐，并且一直工作到很晚时，你就要在他拖着疲惫的身子回到家之后，为他准备好容易消化的小点心。烤苹果、果汁、蛋糕、沙拉、芹菜和胡萝卜……这些东西都比较容易消化，而且又富含维生素。

如果他在家里吃晚饭，就不要强迫他在整夜的工作之前吃许多不容易消化的食物。你还要看一些关于营养的书，或是找你的医生商量如何为他准备增加体力的食物。

・给自己多点儿独处的机会

你要学会如何使自己在社交上变得有分量，即使不依赖你的丈夫，也可以成为一个受欢迎的人。在许多情况下，你会成为一名多余的女士，你应避免这种不合适的场合，而在其他的集会上，你将会像 5 月的阳光那么受人欢迎。

你应该尝试做些你以前没有时间做的事情，例如，参观画廊，听听音乐会，替教堂或政党做些事，参加一个自修课程，或是去某些夜校学习。

这样的计划，将会给你带来许多好处，并且使你的丈夫不必担忧你会寂寞。

让你的老朋友们知道你的情况，这样一来他们就会了解为什么你的丈夫暂时离开了社交圈。这样，你就会让他们觉得你是在全心全意地支持你的丈夫，并且你是支持、赞成他所做的事的。

如果你证实了自己可以轻松地完成这些事，那么在这个大工程完成以后，你们将可以过着有如第二次蜜月般的生活。

不要强逼他出人头地

这世界上从来没有也将不会有一份工作是完全只有快乐和幸福的。每一种生活方式，都有它的优点和缺点。总是抱怨生活中的缺陷的人，即使拥有最理想的环境，也是得不到满足的。

·合适的职业就是最好的事业

我认识一个女人，她强迫她的丈夫放弃了心爱的工作，因为她没有办法忍受他在晚上工作。这位丈夫在一个著名的管弦乐团担任演奏家。他们的音乐会大都在晚上举行，这个男人很喜爱自己的工作，而且薪水很高。

但是他的太太一直不能适应他的工作时间。最后，她说服了自己的丈夫，让他放弃乐团的职位，换了一份推销家庭用品的工作——由于他做的是完全不适合自己的工作，所以赚的钱更少了。对此他不满足，不但他成功的机会减少了，而且还对夫妻婚姻的幸福造成了隐患。

必须在非正常的时间工作的男人，或者是工作上有特殊需要的男人，都更加需要一个能够适应他的妻子。如出租车司机、铁路或轮船职员、飞行员……所有这些需要特殊适应能力的职员的妻子，必须能够适应自己丈夫的工作，才能维持婚姻的美满。

许多著名的演艺人员，都尝到过婚姻破裂的滋味，因为他们的太太不能够或是不愿意接受她丈夫在那个圈子里的成功。

特殊职业的男人们的太太，必须具备的重要观念就是，她不能拥有自己想要的每件事情，而且要坦诚面对这些情况，接受这些情况，并且在设法维持家庭稳定的情况下，快乐地生活。

许多女人羡慕那些在所谓“迷人”的职业圈内大出风头的男人的妻子，例如电影明星、歌剧演唱家、作家或音乐家的妻子。我 16 岁的时候，曾梦想嫁给一位著名的探险家。可是，我们之中很少有人会静下心来想一想，作为这种人的妻子，除了穿名家设计的新时装以及在照相机前摆笑脸之外，还需要承受更多的负担。

• 向汤姆士夫人学习

罗维尔·汤姆士夫人可以告诉你，这种事可不像想象中的那么简单。在国际上，很少有男人比她的丈夫更加出名。她丈夫的事迹可以说和天方夜谭中的故事一样吸引人，而且多姿多彩。作为一名资深的新闻广播员、探险家、投资者、作家、大学讲师、运动家，罗维尔·汤姆士在喜马拉雅山野外的家里和他待在新闻影片摄影机前面所花的时间是一样多的。

弗兰西斯·汤姆士是他的太太，她是一个具有伟大才华和魅力的女人，她能够像一只变色蜥蜴那样，多才多艺地按照她丈夫的需要来改变自己。例如，在第一次世界大战以后，她跟着她丈夫跑遍了全世界，当时她丈夫正在各处讲授“阿拉伯的劳伦斯”以及“艾伦比在巴勒斯坦的战役”——而她在此期间也做了许多事，如为伊斯兰教徒的祈祷作曲，以及充当旅行中的助理经纪人。

当他们返回美国，在乡下定居以后，弗兰西斯·汤姆士就成为全美国最忙的女主人之一了。她要不停地在家里招待不断前来拜访的、在她丈夫的书里出现的许多人物，其中包括探险家、激进派的飞行员、幸运的军人，以及其他许多杰出人物。汤姆士家的周末，常常因为有五十至二百位宾客参加宴会而显得热闹非凡。

当丈夫外出的时候，弗兰西斯·汤姆士就必须忍受许多忧虑的时刻。例如，德国革命期间，她从报社接到的电话听说她丈夫在采访一场巷战时受了致命的重伤。

另外，在 1926 年，当罗维尔·汤姆士所乘坐的飞机在西班牙安达鲁西亚的沙漠中失事之后，弗兰西斯也只能远在巴黎等待消息。

之前，罗维尔·汤姆士经过中国西藏地区的一处山脉时，受了重伤。他被当地人背在肩上走了二十多天，最后终于离开喜马拉雅山。在所有这些受尽精神折磨的日子里，弗兰西斯·汤姆士除了听说她丈夫受到严重的伤害之外，什么消息也不知道。在这种痛苦的折磨之下，你或我能忍受得了吗？

最近几年，罗维尔·汤姆士的独子小罗维尔·汤姆士也追随他父亲，迈出了探险的脚步。于是汤姆士夫人又要等着听她儿子探险的消息了——在靠近提勃多的法军前哨，或者是在毛毛党暴动达到高潮的肯尼亚。

这时，你还会觉得做个像罗维尔·汤姆士那种富有刺激性人物的太太，是一件轻松愉快的事吗？有关这些妻子困扰的一个简要统计会告诉你，只有那些不平凡的女人，才配得上不平凡的丈夫。

·他的成功也是你的成功

当你挤在人群里看州长游行的时候，你是不是也曾经想过要和州长夫人换个位置，两手抱满了玫瑰花坐在车上，在满眼羡慕的人群面前走过？

根据马里兰州州长夫人席尔德·麦凯丁的说法，坐上她这个位置也是非常困难的，且有许多不尽人意的地方。麦凯丁夫人是她活跃、健壮的丈夫最完美的太太：她很文静、温柔、娴雅，具有一切女性的特点。但是她曾告诉我，自从她家搬进州长官邸之后，整个生活情况完全改变了。麦凯丁州长很早起床，而且很晚才睡觉。他整天忙着处理公事，为那些重要的公务忙得没有一点儿空闲，连他的太太都难得看到他。

麦凯丁夫人说，只有在陪丈夫旅行，或是到城外演讲的时候，她才能消除这些忧虑。“我们发觉，在那些旅途中一起享受到的乐趣，远比能在家共处许多时间的夫妇得到的乐趣多。这就像是一个令人兴奋的假期，我们分享着在旅程上所发生的每一次奇妙经历，旅行使得这经历更宝贵和更令人难忘。”

像罗维尔·汤姆士和麦凯丁州长这样的男人，是很幸运的，他们的太太不仅能为他们争光，而且还能忍受名声和地位所带来的种种不便。

如果你丈夫的工作也很不平常，并且还会带来一些不便，你可以设法应用下列几项原则：

第一，如果这种情形只是暂时性的，你不妨笑一笑，姑且忍耐一下。每个人都可以在短时间内忍耐任何一件事的。

第二，如果这种情形是长期性的，你就得接受它，并设法改进它——就像麦凯丁夫人那样。

第三，要提醒自己，丈夫的成功也就是你的成功。如果这种工作对于他的成功是必要的，那么你也应该接受这种情况。

第四，要记住，这世界上从来没有也将不会有一份工作是完全只有快乐和幸福的。每一种生活方式，都有它的优点和缺点。总是抱怨生活中的缺陷的人，即使拥有最理想的环境，也是得不到满足的。

体贴可以很简单

每个妻子能送给丈夫的最美好的礼物，就是无穷的耐心和包容。

・当丈夫在家工作时

如果你丈夫每天只在办公室或工厂工作八小时，你可以不看这一章。和那些丈夫在家里工作的人们相比较，你适应工作的难度可以说小多了。但是，聪明的你还是看看这一章吧，因为没有人知道什么时候，事情也许就会有了变化呢。

如果丈夫长期在家里工作，而他妻子又必须在他边上处理家务，这样的妻子特别值得丈夫赞赏。想想看，你必须踮起脚跟，静悄悄地在你先生工作的隔壁房间里行走；你还必须接受他的请求，关掉你正用到一半的真空吸尘器；你也不能邀请你的朋友来家里吃饭，因为嘈杂声会妨碍这位一家之主。

话虽这么说，如果你嫁了一个必须在家里工作的男人，那就真的需要你来适应他了。只要你对你的丈夫拥有足够的爱心，时常保持良好的心情，并且下定决心去努力，你就一定可以成功。有许多妻子都已经做到这一点了。

让我们来看看凯瑟琳·吉里斯的例子吧。她丈夫唐·吉里斯是一位作曲家，而且担任了 NBC 交响乐团广播音乐会的制作指导。唐·吉里斯的交响乐作品，曾经被美国和欧洲大部分国家的主要交响乐团演奏过，他的乐曲也曾经被亚瑟·费德罗和阿图罗·托斯卡尼尼这些大师指挥演出过。当他还很年轻的时候，就在一个著名的职业乐团中取得了令人惊异的成功。

吉里斯夫妇是我们在纽约佛环斯特山的邻居。他们的朋友都知道，凯瑟琳·吉里斯在她先生光辉的生涯中，扮演了一个十分重要的角色。

唐·吉里斯的大部分音乐作品都是在家里创作完成的。虽然他在三楼有一间书房，但是他更喜欢在餐厅的桌子上创作。温柔、娴慧的凯瑟琳并不在乎这一点，就像她所说的，她只不过是“在他身边工作”而已。另外，她还要照料两个小家伙，如果他们太吵了，她就会让他们去做一些不会转移旁人注意力的事情。

在凯瑟琳·吉里斯的努力下，他们的家变成了工作和娱乐的好地方。她是一个烹饪好手，冷冻箱里经常备有许多自制的冰淇淋、甜美的蛋糕，以及其他点心。她严格地控制家里食物的消耗，当她认为需要过俭朴生活的时候，她就会把冷冻箱锁起来，把钥匙藏好，以限制家人的食物热量。

正如许多艺术家那样，唐·吉里斯也受到了财政预算和家庭经济的困扰，所以凯瑟琳也是他的非职业性业务经纪人。她帮丈夫决定接受哪一份合约，应该节省哪些钱，以及如何增加家庭收入。当唐需要一套新衣服的时候，当然也要由他的太太来提醒他，并且帮他去定做。

我请来凯瑟琳·吉里斯给我提一些意见，说明做妻子的应该怎么做才能成功地处理好丈夫在家里工作的问题。

“一旦你习惯了以后，”她说，“事情不但很容易，而且也会变得很有意思。如果唐在录音室工作，整天都不在家时，我会非常想他，我是多么习惯有他在我身边啊。”

·让他静心工作

下面就是凯瑟琳提出来的帮助丈夫在家里有效率地工作的几个简单规则：

第一，尽你的能力使丈夫觉得舒服，然后放下他，去做你自己的工作。暂时先抑制你想要进去看他的冲动，过一会儿再进去看他的工作进展得如何。

第二，在丈夫工作的时候不要打扰他，不要让他去开门、照顾小孩，或给来送货的付账。你应该自己去做这些事，就像他不在家那样。除非这幢房子着火烧起来了，这个规则是毫无例外的。

第三，不要太容易心慌意乱。当丈夫的工作进行得不太顺利的时候，他可能会很紧张不安。你可以帮助他，让他保持冷静和温和的心情。

第四，配合丈夫的时间来安排你的社交计划。除非你家的房子大得足够把他完全隔离开来，否则你就不应该在他工作的时候招待你的朋友到家里来。

第五，帮助丈夫安排好他的工作时间，使孩子们有时间痛快地玩耍而不会被制止。正常而健康的孩子，不可能整天都静静地待着——讲道理的父亲，当然也不希望这样。如果大家的权利都受到重视，每个人就都会更快乐了。

我可以告诉你，这些规则都是很有效的。我们结婚八年以来，我丈夫所有的写作都是在家里完成的，所以我很了解这些规则。如果你有个一天二十四小时都待在家里的丈夫，不妨试试凯瑟琳·吉里斯的秘诀。

共享胜利与成功

如果夫妻双方的目标和兴趣一致，婚姻成功的几率就会提升。

・我们一起冒险

如果你有自己的工作或事业，但你若放弃它可以带给你丈夫更多的好处，你愿意放弃吗？如果你不愿意，你就不必看我这本书了。你可能更在意自己有成就，而不是要帮助丈夫取得成就。

帮助丈夫获得成功，这本身就是一项非常需要专业精神的工作。除非你相信帮助丈夫是一件非常重要，而且必须付出你所有精力的事，否则你就没有办法帮助你的丈夫。

碧眼金发的查泰·威尔斯女士，是著名探险家卡维士·威尔斯先生的太太。当她认识卡维士·威尔斯的时候，已经有了非常令人羡慕的职业。

查泰是一位成功的经纪人，主要处理广播工作者和演讲者的工作，她在业务上与许多名人的接触使她获得了乐趣。卡维士·威尔斯也是因业务关系而认识她的，最后他爱上她并且和她结了婚——根据查泰的条件，她可以继续从事她喜欢的工作，而且完全可以独立自由。

婚礼在 3 月举行。6 月，卡维士·威尔斯就要动身前往俄国和土耳其，准备攀登阿拉拉特山。查泰本来希望留在家里工作，但是等到卡维士快要出发的时候，她竟然没有办法独自留下来。

“这一次和你一起去吧。”她说。于是他们就一同出发去探险了。那是一个艰难而充满挫折的梦魇——虽然这次历险使卡维士写出了那本畅销书——《卡普特》。

当查泰重新回到自己的工作岗位以后，她发觉这些工作和上一次的探险比起来，真是太没有意思了，她曾经和卡维士共同出生入死过啊。于是，在一年半以后，她又和卡维士一同前往墨西哥，去爬帕帕卡提伯特尔山。这又是一次严酷的体能考验。查泰和丈夫大部分的时间都在寒冷、饥饿、疲惫和无知的惊吓之中度过，但是她同时也感受到了前所未有的兴奋。

那座山峰上冰冷的寒风，吹走了查泰坚持要独立做事的最后一丝念头。此时她深刻地了解到，作为卡维士·威尔斯的妻子，比在她自己的工作上所能得到的任何成功，都更有价值。当他们从墨西哥回来以后，查泰就关掉了自己的办公室。她现在有时间跟她的丈夫到地球最远的一端去——而这也正是她所做到的事——马来半岛的丛林、克什米尔山谷，以及日本、冰岛，还有非洲多国。威尔斯夫妇游历各地，他们的生活就像是一部彩色的游记。

查泰·威尔斯说：“那时候我认为，拥有自己的事业是非常重要的事，我很奇怪自己那时候为什么会那么孩子气。和我与卡维士共享的这些丰富经验相比，我自己的生活是多么简单和狭窄啊。我把我的兴趣和他的结合起来，和他共享胜利和成功；而当失望和麻烦来临的时候，我们就共同面对它们。

“我想，我曾经接受的最大嘉勉，就是卡维士在他那本《卡普特》书上写给我的献词：‘献给我最好的朋友——我的妻子查泰。’从没有人给我的赞赏像丈夫给我的这样，它使我感到了巨大的成功和满足。”

查泰·威尔斯是在很戏剧化的情况下改变了她的心意。许多女人发现，增进心爱的丈夫的幸福与最大的利益，正是任何一个女人认为最有价值的职业生涯。查泰就是一个典型的例子。

· 成就他的成功

我并没有忽略许多由于环境的驱使，而被迫离开家庭去外面工作的妻子和母亲。我要以最深的敬意，向她们致意。我相信妇女们应该有能力，用她们自己的努力来赚钱维持生活。因为生活是变化无穷的，我们之中没有人能够预知自己将来会在什么时候变成担负全家生计的人，要一个人负责家庭的食物、房租以及衣物。生病、死亡、失业和灾祸可能会摧毁原先已经制订好的计划。

我们在这里只讨论妻子帮助丈夫成功的各种方法，切不可以忘记，帮助丈夫本身就是一项很大的工作，这项工作大得需要妻子全心全力去做。如果一个妻子尽职尽责地把她的努力放在自己的职业上面，她就不会有额外的能力为她的丈夫效力了。

当然，每一件事情都会有例外，但观察的结果和经验使我相信，如果夫妻双方的目标和兴趣一致时，婚姻成功的概率就更大了。

所以，如果你的工作和你丈夫的幸福与最高利益发生了冲突，你最好是心甘情愿地放弃自己的工作。

女人是怎样可爱起来的?

当丈夫向他的事业王国迈进时，你作为他的妻子，永远不要被他落在后面，而是要让自己配得上他。

·多点儿适应，多点儿宠爱

肯塔基州的海因斯夫妇在十四年前结婚的时候，据海因斯夫人说，她因为胆怯而使自己的行动受到了许多限制。她这样说："我很害怕和陌生人接触，我很害怕站在人群中，参加公开的宴会。我害羞到了不可救药的地步。"

年轻的海因斯先生是个很有前途的律师，他在当地的政治圈中十分活跃。他需要和人们见面，参加各种会议、集会，以及社交活动和娱乐节目。然而，雪莉·海因斯——他的新娘——却很害怕面对这些场面。她决定克服自己的困难——可是她该怎么做才能克服这种害怕、羞怯心理，并符合她丈夫地位的需要呢？直到有一天，她从某杂志上看到了这些话："人类只对他们自己最感兴趣。所以，你在谈话中可以把注意力集中在别人身上。让他谈他自己，谈他的困扰和他的成功。"

这些话改变了雪莉·海因斯的看法，她决定试试这一忠告，而这个方法也真的见效了。她说：

“渐渐地，我因为对别人产生兴趣而不再害怕了。我发现他们也都有自己的困扰和烦恼。当我更加了解他们之后，我就开始喜欢上他们了。现在，我很希望认识新的朋友，我和他们会相处得很愉快。我喜欢在自己家里招待别人，也很喜欢和我的丈夫去别的地方，他现在已经是州议会参议员了。

“最重要的是，我很高兴并没有因为自己不能担负起在社交场合中的责任，而使他无法成功。”

每一位妻子都有责任训练自己，以适合丈夫事业上对她的社交能力的需要。无论丈夫的职业是什么，妻子如果有能力和旁人友好相处，并且对社交有足够的适应力，她就可以大大增加丈夫成功的机会。

如果你天生就有这种能力，那实在是太好了。如果你没有，就必须学会这些能力，就像海因斯太太那样。

美国某州的州长曾在私下里告诉我，他成功的最大原因，是他娶了一位机智而有教养的、迷人的妻子。他说自己出生在“远在天边的海外”，在一个大城市贫困的移民区长大。

“如果我娶了一位邻居的女儿，”他说，“我将会怀疑自己是不是有机会出人头地。我的妻子，感谢上帝，她有着我所缺乏的每一样东西。她有教养、有地位。不论我的工作是需要我们在皇亲贵族之间，还是要去受到不平等待遇的人群中周旋，她都可以应付任何一种情况。”

·“网”住他的人脉

你不能因为你丈夫现在做的只是比较低级的工作，就以为不必帮他什么大忙了。未来能够在商业界、工业界成名的领导人物，目前也许都是毫无名气、没人知道的年轻人。没有人一开始就是站在最高峰的。你现在是否已经准备好为你丈夫在十年、二十年或是三十年后建立一个好名声？到那时候，他可能已经是个领导人物了。

马上就开始吧！如果你觉得羞怯，像雪莉·海因斯那样去做，准备消除这些羞怯吧；如果你有点儿笨拙，或是不够机灵，你就应该学会喜欢、尊敬和欣赏别人；如果你觉得自己的教育不够，那就更不应该躲在那句老掉牙的借口“我从没有机会上大学”后面，你可以去夜校学习，如果你付不起学费，就赶紧跑到最近的一家公众图书馆去借书来看。

因为不能赶上丈夫的事业而被丈夫丢在身后的妻子，并不是一个值得同情的人。这种人通常不是太懒，就是不肯用心地利用围绕在我们身边的、毫无止境的机会来改进自己。

·做丈夫的“亲善大使”

“跟上丈夫事业中随时前进的步伐，是婚姻幸福的真正关键。”艾立克·琼斯顿夫人写道。她是美国电影协会会长的夫人。

琼斯顿夫人劝告那些想要赶上丈夫事业的太太，要积极参加社交活动，以扩展自己的交友范围，而不要把交往的范围局限在一个小圈子里。

“也许你会认为，”琼斯顿夫人写道，“你的丈夫并不需要你随时赶上他前进事业的步伐。刚开始的时候，艾立克也没有这种事业。我们刚订婚的时候，他正挨家挨户地推销真空吸尘器。那时我们两个人谁也不知道艾立克将会闯出一条什么路子来。但我所知道的是，无论如何他都会成功。”

没有人知道未来会是什么样子，但是聪明的人会做好准备，等待机会的来临。学习如何结交朋友并如何与朋友和睦相处，是你在丈夫得到重要职位之前要事先做好准备的一种基本方法。这是一种可以永远帮助你丈夫的技术，不论他的职业或社会地位是什么。如果他自己在待人接物方面有些笨手笨脚，那么他机灵的妻子就可以帮助他弥补粗心导致的过错；如果他在自己的朋友圈中已经相当机警圆滑，但仍然需要妻子的帮助，以免他让人觉得太荒谬可笑。

我为这本书搜集资料的时候，曾和美国一家最大公司的人事主管有过一次愉快的会谈。他告诉我，他有时候会因为太专注于自己的工作，而忘记注意别人的感觉。

“但是我的妻子，她永远不会因为自己太忙而忘了对我好。”他很骄傲地告诉我。

“就在前几天，我气冲冲地跑到洗衣店里向老板吼叫，我希望我的衣服按我的要求去洗，不能有丝毫偏差。他皱着眉看了我一会儿，然后才答道：‘如果是你的太太来，我总会觉得好过一点儿。’”

“每个人都更喜欢我太太。”这位主管继续说，“她既有爱心，又很和善。她真的很关心别人，并且不会让他们感到厌烦。

“当我们走过邻居开的店铺时，我的妻子就用邻居的母语希腊语和他打招呼。在街尾的另一个拐角，她则会用意大利语向那个卖水果的男人打招呼。他们根本都不理我，他们为什么要理我呢？因为不怕麻烦地学会了他们的话并愿意和他们打招呼的，是我太太，而不是我。这就是她得到愉快的有效方法。当然，她也获得了成果。”

我不认识这位太太，但是我真想认识她——难道你不想认识她吗？

表现友善与和气的女人，是男人的无价资产。工作繁忙的男人，常常因为太专注于工作，而无法和别人建立能增进感情的温暖的人际关系。如果他有一个好妻子，无论她走到哪里都能够制造出一种温暖人心的气氛，那么将是多么幸运啊！像这样的女人，在她丈夫事业向前迈进的时候，永远也不会被甩在丈夫后面的。她是她丈夫选派到世界各地去的“亲善大使”。

• 为他的梦想扬帆

有许多简单的方法，可以使一个亲切而友善的女人为她丈夫建立良好的社会基础。就像大部分的技术活那样，这个技术也需要经常练习。

汉斯·V. 卡夫柏夫人，她丈夫是美国新闻广播人协会的会长，她在帮助丈夫方面真是绝顶聪明。她说她已经被称为“打岔专家”了，因为她有一种自觉，知道应该何时打岔，以及如何打岔。

当我访问她的时候，她告诉我，如果晚宴上的话题说错了方向，她就会抓住一个适当的时机说：“汉斯，为什么你不谈谈有关某某将军的事情呢？”这使得每个人都有时间冷静下来，转移不太愉快的话题。

卡夫柏夫人还知道，如何使她广受欢迎的丈夫不至于过度劳累。每次她先生演讲结束之后，许多人都想和他握手，并且和他站在那儿谈上半天。这对他的健康很不利。卡夫柏夫人会在适当的时机引开他们，比如告诉他说他们的车子正在外面等着，或他们已经赶不上下一个约会了。

有一次，在市政厅演讲完后，卡夫柏先生被听众的许多问题包围了，卡夫柏夫人知道如果演讲不马上结束的话，她的丈夫将会累惨的。于是她站起来说：“对不起，我有个问题。”然后她接着说：“卡夫柏太太想要知道，卡夫柏先生什么时候可以回家吃中饭。”听众们都一致附和她——于是卡夫柏先生这才能回家吃中饭。

还有另外一个重要的方法，可以帮助妻子造就出一个成功的丈夫，或者造就出一个她希望将来会成功的丈夫。但是，首先需要双方有足够的爱心、足够的敏感和适合的时机。如果这件事做得不够巧妙，就可能会带来相反的后果，这就是妻子要防止丈夫对于成功产生自满心态。

我们已经提过许多建立男人进取心的方法，但是每一个女人也都知道，有时候男人也需要受点儿打击，才能克制他的冲动，而不至于变成一个昏头昏脑的自大狂。能够成功地做到这一点的女人，是永远值得感激的——事实上也的确如此。狄斯雷利曾说他的太太是他最严厉的批评者，而且他也因此而赞美她。因为她使得自己的丈夫能够永远脚踏实地地写作。

另一位当代的成功人士也告诉我，他太太会在适当的时候对他进行温和的批评，这对他的成功可以说是有最重大的贡献。他的名字是里曼·比彻·斯托。他是一名作家、大学讲师、责任编辑。他的祖母哈里特·比彻·斯托写过著名小说《汤姆叔叔的小屋》，又名《黑奴吁天录》。

斯托先生说道："当我刚开始到大学教课的时候，非常幸运的是，我的学生都很喜欢。当他们在课后围在我的身旁，称赞我是如何如何的时候，我真有点儿飘飘然了。那时我对于自己的工作真的是醉得难以形容。我几乎不能再等一分钟，急着要回家去告诉希尔达——我的太太，她嫁了一个多么伟大的天才。

"以前，每当我想尝试别的行业，或者想接下一个新工作的时候，希尔达总会帮助我建立自信心，所以当她对我这些得意的情况反应不够热烈的时候，我非常奇怪。'你做得这样好，我真为你感到高兴，里曼，'她这么说，'但你千万不可被谄媚冲昏了头脑，除非你以后仍然努力，用心保持你的水准，否则这些称赞过你的人，必将会遗弃你。'

"我还记得，有一次在某大厦的奠基典礼上，我在一大群人面前演讲。我觉得我在这个场合已经完全把自己表现出来了。我觉得自己是从威廉·杰林斯·布里昂以来最伟大的演说家，于是我乐飘飘地回了家。

“我把我心中的得意说给了希尔达听，并且把演讲的高潮再次给她表演了一次——后来我又一直把得意的细节重复说了好几次。然后，我坐下来，等待希尔达的赞美。

“她对我微笑着说：‘真是太棒了，亲爱的。但是那些出资盖这座大厦的人又会怎样呢？我觉得他们似乎是更值得赞美的人——你的演讲只不过是在对他们表示敬意而已。’

“她说得太对了。我的骄傲心态立刻像肥皂泡那样破裂了。我发觉我差一点儿就变成了一个自私自利、自大自负的小丑了。这真要感谢我太太的爱心和敏感。我开始了解我自己以及我微薄的能力了。”

海因斯夫人、琼斯顿夫人、卡夫柏夫人，还有斯托夫人——这些女人都知道如何和她们的丈夫一起生活，并且替她们的丈夫增光。

她们的做法是尽自己的能力，到处为丈夫赢得友谊，在任何一种社交场合都能从容应对，而且使自己的丈夫脚踏实地，不会凭空自满。有了这样的太太，做丈夫的不成功也难。

任何一个女人如果能够做到这些，就不必再担心会被丈夫甩在身后了。

第四章

成熟之爱，

学会适当“放男人一马”

幸福女人不唠叨

太太对丈夫的唠叨，就像水珠侵蚀石头，是最高明的杀人不见血的方法。

• 唠叨是一种病

“一个男人的婚姻生活能不能幸福，”桃乐丝·迪克斯写道，“他太太的脾气和性情，比其他任何事情都重要。一个女人可能拥有全天下每一种美德，但是如果她脾气暴躁、唠叨不休，喜欢挑剔和个性孤僻，那么她所有的其他美德全都等于零了。”

“许多男人之所以失去冲劲，而且放弃了奋斗的机会，”她接着写道，“是因为他太太总是对他的每一个希望和心愿猛泼冷水，她永无休止地挑剔，不停地想要知道为什么她的丈夫不能像她所认识的某个男人那样有许多的钱，或者是她的丈夫为什么写不出一本畅销书，或谋不到某一个好职位。像这样的太太，只会使丈夫丧气。”

真的，唠叨和挑剔带给家庭的不幸，甚至比奢侈和浪费还要厉害。关于这一点，你可以不必马上相信我的话，还是先听听专家的话吧。

莱伟士·M. 特曼博士是一位著名的心理学家，他对一千五百多对夫妇进行了详细的调查研究。结果显示，丈夫们都把唠叨、挑剔列为他们太太最大的缺点。盖洛普民意测验也得出了相同的结论：男人们都把唠叨、挑剔列为女性缺点的第一位。詹森性情分析——这是另外一个著名的科学研究——也发现没有其他的个性会像唠叨和挑剔那样，给家庭生活带来这么大的伤害。

然而，似乎自从远古的穴居时代开始，太太们就想尽办法要用唠叨和挑剔的方式来影响自己的丈夫。传说，苏格拉底曾经花费自己大部分时间躲在雅典的树下思考哲理，以此来逃避他那脾气暴躁的太太兰西勃；连法国皇帝拿破仑三世和美国总统亚伯拉罕·林肯这样杰出的大人物，也都受尽了妻子唠叨的痛苦；奥古斯都·恺撒和他的第二任妻子离婚，也是因为他实在"不能忍受她那暴躁的个性"。

女人总是想用唠叨的方式来改变自己的丈夫。但是从古至今，这种方法从没有发生过效用——除非太阳从西边出来。

一位老朋友告诉过我们，他的太太总是轻视和嘲笑他所做过的每一项工作，他的事业几乎要被他的太太毁掉了。刚开始的时候，他是一位推销员，他喜欢自己的产品，并且很热心地向人们推销这些东西。当他晚上回到家的时候，本来很希望得到太太的一些鼓励，他的太太却用这些话来迎接他："好啊，我们的大天才，今天的生意不错吧？你带回来不少佣金了吧？或是只带回来推销部经理的一番训话？我想你一定知道，下个星期我们就要付房租了吧？"

这种情况接连持续了好几年。虽然不时受到太太的嘲笑，这位男士还是坚持努力奋斗。现在，他已经在一家全国著名的公司担任执行副总裁的职务了。至于他那位太太呢？噢，他早就和她离婚了，又娶了一位年轻的、能够给他爱心和支持的女孩，而这正是他第一位妻子所不能给他的。

事实上，他的第一位太太并不知道自己为什么会失去丈夫。“我省吃俭用，吃了这么多年苦，”她告诉她的朋友，“结果，当他不再需要我为他做牛做马以后，他就离开我，去找比我更年轻的女人了。男人竟然会是这样！”

如果有人告诉这位女士，使她丈夫离开她的并不是因为另外一个女人，而是她自己的唠叨和挑剔，想必这位女士一定不会相信的。但这的确是她先生离开她的真正原因。

她以一种轻视的方式来唠叨和挑剔，而这对于男人的自信心无疑是一种长期的折磨，对于男性的自尊无疑是一种沉重的打击。

最近，另外一位老朋友的儿子也体会到了相同的经历。他是个 20 多岁的年轻人，在一家广告公司找到了一份工作。由于业务竞争非常激烈，他需要太太的安慰和爱心来保持奋斗的勇气。尽管他的太太非常积极而且充满野心，但是她很不耐烦地认为她的丈夫动作太慢了。

在太太不停地嘲笑与指责之下，他的勇气逐渐消失了。他告诉我，令他最难以忍受的事情是，他的太太已经逐渐地把他的自信心腐蚀掉了——就像不停滴落的水珠将会侵蚀掉一块石头那样。他开始对自己的工作失去信心，最后，他丢掉了他的工作。而他的妻子不久就和他离婚了。

与妻子离婚之后，他又渐渐地重新获得失去的自信，就像一个生过病的人自己摸索着重新恢复健康那样，走向了成功。

最具破坏力的唠叨、挑剔方式，就是拿自己的丈夫去和别的男人相比。“为什么你赚不到更多的钱？比尔·史密斯已经连升两次了，而你才只有一次。”“我哥哥给他的太太买了一件毛皮大衣——那当然了，因为他知道怎样赚钱呀。”“如果我嫁给赫伯特，我一定能过得更豪华舒适些。”……这些都是最高明的杀人不见血的方法。

· 不做唠叨的奴隶

诉苦、抱怨、攀比、轻视、嘲笑、喋喋不休——喜欢唠叨和挑剔的女人，在这残酷的待人方式之中，如果不是专精于其中某一项，就会变成兼而有之的“全能专家”了。唠叨就像麻醉药，你学不来，也改不掉，它是在习惯中慢慢养成的。

女孩子在 20 岁当新娘的时候，如果只知道常常唠叨，而不知什么时候才能住进像邻居那么好的新房子，那么等她到了 40 岁的时候，她一定会变成一个无可救药、对任何事情都难以满足的、毫不可爱的抱怨专家了。

在婚后的共同生活里，夫妇之间很少有不吵架的。心理健全的人，可以忍受一般的争执而不会产生感情的裂缝，但是从无休止的、毫不放松的长期唠叨中所产生的压力，常常会拖垮最具进取心的男人。不论一个男人曾经做过什么大事业，如果他每天晚上回家之后面对的都是那个爱唠叨、挑剔的太太，相信他一定会被人从宝座上拉下来的。

弗吉尼亚大学教授沙姆·W. 史蒂文博士在最近的一次演讲中，呼吁美国的丈夫们应该享有四种新自由：免于被唠叨和挑剔的自由，免于被呼喊支使的自由，免于消化不良的自由，以及在一天的繁忙工作之后换上旧衣服放松放松的自由。

为什么女人要对她们的丈夫唠叨不停呢？理由还真不少。有时候，唠叨是一种身体不舒服的症状。经常找医生做定期的健康检查，可以使我们身体健康，这就像定期检查汽车，使它们能够保持良好的驾驶性能那样。

长期的疲乏，常常会转变成一种喜爱唠叨的倾向。最好的治疗方法是，把你个人的生活安排得更有效率，找出造成疲乏的原因，并且消除它。

“受到压抑和打击，”心理学家分析说，“也是造成常常唠叨的主要原因。”婚姻问题、性的挫折、爱的失落，以及内心对生活的不满——这些都是人生中沉重的打击，女人常常会以唠叨、埋怨或诉苦的方式发泄出来。分析一个人的心理，找出这些挫折，并且引导她们用其他方式发泄出来，这就是消除它的最好方法。而用唠叨的方式来发泄不满，只不过是在火上浇油。

有时候，甚至法律也会把唠叨当成减轻刑罚的依据。曾有一份从瑞典斯德哥尔摩发出的电讯，报道了瑞典国会对谋杀罪的一个十分令人惊奇的处置——此项修正法案把预谋杀人的罪行判成过失杀人，而不是谋杀——如果能够证明受害者是一个喜欢唠叨的人的话。

在佐治亚州最高法院的一个判例中，如果丈夫为了躲避妻子的唠叨而把自己锁在客房里，将是无罪的。法庭对此的解释是：“所罗门王说过：‘住到阁楼上的角落里，总比在大厅里受女人的闲气要好过多了。’”

一位英国法官批准了一个男人和他妻子离婚——他妻子已经跟人私奔，却把丈夫所要求的赔偿金从 700 镑减为 210 镑。这位法官解释说：“由于双方不和，妻子对于丈夫的价值，早已经一年一年地减低了。”

在纽约的《美国新闻》杂志中，专栏作家哈·波义耳曾对这个判决提出了批评：“有哪一位妻子愿意看到法律书上写着，她的价值会因为夫妻不和而一年一年地减低呢？这并不是一个什么值得称赞的判例。如果人们养成了这种观念，也许会有很多丈夫跑到法院来，说：‘法官，我要离婚，但请不要判我负担那毫无道理的赡养费。我老婆和我已经长期不和了，她早就不值一文了，我只要让她恢复自由就可以了。’”

对于喜欢唠叨的太太，有些男人不但愿意让他太太恢复自由，甚至还愿意花钱想方设法摆脱她——无论用什么方法都行。

纽约《电信世界》杂志上，刊登了一篇文章，说的是一位不择手段的男人犯罪的经过——一个 50 多岁的卡车技工，雇了三个流氓杀死了自己的太太。为什么他要这样做？原来，他太太一直不停地对他唠叨和挑剔。

·怎样避免唠叨

如果你也相信唠叨对男人的工作和成功是一个巨大的障碍，那你是不是也想知道，有没有什么补救的方法？是的，如果爱唠叨的人能够了解唠叨所带来的痛苦，并且真心想要改正的话，就一定会有办法的。

以下六条建议可能对你有益：

1．和家人进行互动

每当你快要发怒、想下达严格的命令，或是对细小的问题喋喋不休的时候，请他们罚你 25 美分。

2．任何话只讲一遍，然后就忘掉它

如果你必须很不耐烦地提醒你的丈夫六七次，说他曾经答应过要去割草却没有去，想必他现在大概也不会去割了，那你为什么还要浪费口舌？唠叨只不过会让他更想要拒绝，并下定决心绝不屈服于你。

3．那绸缎似的温柔

“用甜东西抓苍蝇，要比用酸东西有效多了。”我们的老祖母常常这么说。其实，这句话直到今天还是很正确的。

“如果你愿意去割草，亲爱的，我将烘好你所喜爱的水果派让你在晚饭时吃。”或者是：“亲爱的，我真高兴看到你把我们的草地修得这么整齐。艾莲·史密斯说，她真希望她的丈夫也能够像你这样勤快。”

这些方法，以及其他类似的方法，都将有助于你的希望更易实现。

4．幽默，气质女人的不老丹

幽默感将会使你常常保持良好的心情。只有傻子才会在悲伤的时候傻笑。但是对任何小事都不高兴的人，早晚会精神崩溃。例如，有些太太在催丈夫到浴室去拿浴巾的时候，竟然也会大动肝火，其严重程度可以和父母哀悼自己死去的孩子相比。

一个有智慧的女人绝不会对一件便宜衣裳付出法国舶来品的价钱。然而，我们之中有些人却常常浪费精力，紧绷着脸，为了一些微不足道的琐碎小事，而把爱转变成怨恨。

5．冷静地讨论不愉快的事件

当发生不愉快事件的时候，想办法在纸条上写下来。在它发生的时候不要说什么话；然后，当你和你的丈夫都很冷静和平静的时候，再把它拿出来共同讨论。如果它只是微小而不重要的事情，你们一定会不好意思再提它。你们必须理智而且不意气用事地讨论自己之所以发怒的主要原因，看看能不能通过相互信任和合作来消除矛盾。

6．不需唠叨也能达到目的

学习和训练人际交往的艺术，学习激励别人去做你想让他去做的事，而不要驱使别人。根据查尔士·史考伯的说法，这就是操纵男人的秘诀。当然，他的话是绝不会错的——因为他具备了这种能力，安德鲁·卡耐基才会付给他 100 万美元的年薪。

你不能用一支枪套牢一个男人——当然，你也不能用唠叨的话来套住他。那样做，只会破坏他和你的感情，毁灭你自己的幸福。

给彼此空间，学会适当地放手

很多太太自以为是丈夫工作上的顾问，喜欢干预丈夫的工作，可是她们的计策往往只会让丈夫失业，而不是升职加薪。

・制定不干扰政策

在最近一次晚宴中，我坐在某家公司公共关系部经理的旁边。我向他请教，太太们应该怎样做，才能帮助她们的丈夫获得成功。

“我相信，”这位经理说，“有两件最重要的事情可以使妻子帮助丈夫在事业上成功，第一件就是爱他，第二件是让他独自去闯。一个可爱的妻子，将会给她的丈夫创造愉快舒服的家庭生活。而如果她够聪明的话，就能够让她丈夫不受干扰地处理业务，她丈夫就一定能发挥出全部才能而获得成功了。”

他继续解释说，妻子可用这个“不干扰政策”来处理和丈夫的工作关系，以及妻子和丈夫业务伙伴的关系。

“妻子常常会严重地干扰她丈夫的工作，”他告诉我，“有些妻子喜欢劝告、干预和影响自己的丈夫，并反对和他一起工作的人，或者抱怨丈夫的薪水、工作时间和责任，把自己当成丈夫工作上的非正式顾问。这种妻子常常会扼杀丈夫的成功，而其他的事情却不会产生这样的严重性。”

许多妻子都做美梦，想要机灵地帮助自己的丈夫爬上经理的宝座。她们想了一些“策略”，还提出了许多暗示和建议；她们试探、尝试，并且和丈夫的同事培养友谊。然而，她们的计策却往往使得自己的丈夫丢掉工作，而不是升职加薪。

我曾看过这种事：有一次，我工作的公司请了一位经理。他很聪明，看上去很适合这个职位，但令人不解的是，他接任新工作以后，他妻子竟然一直干预他。每天早上，她都和她先生一起来办公室，记下她先生的话，交给外面的打字员，而且还准备变更她先生的整个工作系统。这可不是我捏造出来的，这是真正发生过的事。

于是，办公室的工作情绪全被破坏了。有一个女孩子辞职，其余的人也都在静观其变。这位新经理到任整整三个礼拜之后，他被叫到总裁办公室去，总裁礼貌而肯定地告诉他，不能再留他了。结果他走了——是带着他的太太一起走的。

妻子对丈夫工作的干预，即使是出于最好的动机，也难免会变成一件危险的事——这比大多数人所知道的事实都更加严重。

最近，有个朋友告诉我，他公司一位最受器重的经理，在服务多年以后被迫辞职了，其原因就是他的妻子坚持要干预他的业务。她绞尽脑汁地设计了许多秘密计划，来对抗公司的其他几位经理，因为她认为他们是她丈夫的敌手。她经常在这些经理的太太之间挑拨离间，有计划地散布谣言，攻击其他经理。她的丈夫没有办法控制她的暗中活动，只好做了他所能做的唯一的事情：辞掉自己相当引以为荣的工作。

• 给愚蠢举动一个休止符

如果你相信幕后操纵力的话，我将告诉你一些更简单有效的操纵丈夫的方法。下面列出了十种方法，你可以照此去做，保证你能拉住你丈夫的后腿，把他从正在上升的阶梯上拉下来，使他再也不上去。如果依照以下指示去做，你还无法使你的丈夫失业的话，至少你也可以让他变得精神崩溃。

1．对丈夫的女秘书恶言恶语

尤其对那些年轻而漂亮的女秘书，更不应该客气，随时利用机会提醒她，她只是用人。虽然她并不一定把你的丈夫当成值得追求的、镀金的天才，但你也不能因此而放过她。失去一个好的女秘书，对一个有事业上进心的男人来说固然是个很大的打击，但是如果她辞职了，你也不必担心，因为你丈夫还可以用一架记录机器帮他记文件。

2．每天多打几次电话给你的丈夫

告诉他，你做家务时所碰到的困难，问他中午饭是和谁一起吃的，不要忘了给他开一大堆要买的东西的单子，要求他在回家的路上顺便买回来。发薪水那天，不要忘了去办公室找他。这时，他的同事将会马上发觉，谁在家中才是一家之主，而且他对于自己的注意力，就会像秋后的蚂蚱那样低了。

3．在他同事的太太之间制造一些摩擦

这种情况是不会终止的，因为那些太太没有一个是好人。你可以在她们之间散播一些闲言碎语，说老板曾经怎样谈起她们的丈夫，以及你丈夫对她们丈夫的看法。再过不久，整个办公室就会分裂成许多派系——而你的目的马上就会达到了。

4. 抱怨他的工作和薪水

告诉你丈夫，他的工作太多，可是薪水太少，而且办公室里没有人看重他。不多久，他就会开始相信你的话，而他的工作也将真的会变成你所说的那样。然后，他会去找更适合他的工作。

5. 支使他应该如何工作

不断地告诉他，他应该如何改善工作，如何增加销售，以及如何奉承自己的上司。要他摆出坐在摇椅上的总经理的态度来，应该让他明白，毕竟他只是在办公室里办办公而已，你才是公司真正的战略家和策划人。

6. 不断地挥霍

举行豪华的舞会，花大笔的钞票，过着入不敷出的生活，好像你的先生已经成功了那样。你将骗不了任何人，但是你可以享受到许多乐趣，只要你继续这样做的话。

7. 暗中侦察

部署好你自己家里的秘密警察计划，时时侦察你丈夫和他的女主顾、女秘书，以及同事太太们之间的问题。这样，女士们因为工作必须留下来，而男士们为了避免和她们有过多的来往，将只能在男士的房间里工作，于是你就达到目的了，因为你早就知道那些女孩子个个都是喜欢勾引男人的野女人。

8. 对丈夫的老板献媚

每当你有机会向丈夫的老板眉目传情的时候，你就尽量使出女性的魅力吧。如果在你努力以后老板还没有开除你丈夫的意思，老板的太太也会特意为你的先生找个新上司，让你再试试你的手段的。

9．在公司宴会上大出风头

在公司举办的宴会里，你不妨多喝一些酒，以表现你是个多么风趣的人。还不妨说一些你丈夫在度假时如何玩乐，以及他穿着睡裤上床的事，这些有趣的小事将会给宴会带来许多笑料。你将会变成宴会中最出风头的人物——拿你的丈夫来寻开心，你将有说不完的东西来表现自己。

10．不让丈夫加班、出差

每当你的丈夫必须加班，或者是出差办公的时候，你就哭着向他抱怨和唠叨。你要让他知道，你才是他最重要的东西；你最值得他照料，而且应该受到他的照料，任何其他代价都可以牺牲。

如果你想使用一流的手腕，毁掉你丈夫升级的机会，大小姐，你就尽管依着上述的十条规则去做吧。结果肯定是——他将失去他的工作，而你将失去你的丈夫。

学会尊重彼此，是幸福婚姻的基石

如果你希望你的丈夫获得更高的成就，你就应该鼓励他、爱他、激励他，和他一起工作。而不是把他逼得太紧，或者是强迫他做超越他能力的工作。

·允许丈夫有自己的个性

当珍妮·威尔西嫁给汤姆士·卡莱尔的时候，她的许多朋友都认为，她已经把自己的幸福给断送了。珍妮是个漂亮的女孩子——而且是一大笔遗产的继承人，大家都认为她可以嫁一个更好的丈夫。汤姆士·卡来尔非常聪明，却非常粗鲁、笨拙，而且有些怪癖。他没有一文钱，似乎也没有什么前途——他有的只是聪敏和才华。

珍妮·卡莱尔的婚姻，以及她那冷峻而严厉的苏格兰丈夫，早已成为一个传奇了。她不仅看着自己的丈夫当上了爱丁堡大学的校长，在伦敦受到了偶像般的崇拜，而且看着他成为《法国革命》和《克伦威尔》这些古典文学名著的知名作者。他们位于敦彻尔西的家，也变成了当时所有文学天才的聚会场所。

珍妮·卡莱尔本来是一个很有才华的女诗人，但是她为了有更多的时间去帮助丈夫，竟放弃了自己的写作。珍妮离开了家庭和朋友，和丈夫来到一个与世隔绝的苏格兰乡村，这样她的丈夫才能够不受干扰地写作。

她自己缝制衣服，甘心做一个节俭的家庭主妇，照料着丈夫的慢性胃病，并且排解他长久以来的郁闷。当她丈夫的作品开始引起公众注意以后，她就和欣赏她丈夫才华的人交往。在社交圈里，许多美丽的女人都很仰慕她的丈夫，但她也能忍受她们，因为她们能够使她丈夫的作品更受关注。

珍妮·卡莱尔最难能可贵的修养是：她从来没有想过要改变她丈夫的个性。她曾在一封信中这样写道："……我不愿意鼓励每一个人都变成同一种类型，我宁愿用粉笔在每个人的周围画一个圈，劝告他们不要踏出圈外，而尽力发挥独特的自我。"

少数女士可能会想改变卡莱尔先生一些不随和的个性——当然，女士们都认为，这是为他好。但是珍妮只是帮助他培养自己的个性。她不仅喜欢她先生本来的样子，而且她希望世界上每一个人都能够接受她先生本来的样子。

真的，帮助一个男人了解他自己的能力和硬逼迫他去做超出他能力的事，这两者之间存在着一种微细的界限。至于如何确定一个男人的能力限度，并且不逼迫他去做超出他能力的事，这就要靠出色的女人来完成了。

对珍妮·卡莱尔来说，她先生本来就是一个很有智慧的天才，而她并不想把他改造成一位彬彬有礼的交际专家。她很尊重卡莱尔笨拙的个性，以及他的执着不屈，所以珍妮只在她先生的"粉笔圈"内生活。

每个妻子不见得都这么了解自己的丈夫。在现实中，许多男士都因为被迫去干超过自己能力的事而感到精神崩溃——通常都是因为他有一个野心的妻子。有许多男人，在低层职位上工作得很称职，也很快乐，一旦他的太太强迫他去争取不适合的高职位，就会使他烦恼得患上胃溃疡或是提早进入坟墓——因为由此导致的压力和责任的增加，并不是他的神经系统所承受得了的。

·尊重他的职业选择

成功的意义，是指我们把适合自己的心理、体力和个性的工作做得很好。欧里森·史威特·马登写道："一流的扛砖夫，比其他任何行业的二流人物都要更出色。"

大自然创造了人类，但它并不希望每个人都成为将军或是董事长。然而，由于人们对高头衔人物的敬仰，使得那些满足于次一级职位的人，通常会被认为不求上进。一旦他的妻子感觉到这种无言的压力之后，就会开始刺激他。她会要求他，不只是要赶上张三李四的地位和收入，并且还要像疯子那样赶超过他们。

"你们之中有谁能够，"耶稣曾问，"因为苦思和忧虑，而使自己的身高增长一点点呢？"

没有人办得到。然而，每天仍然有许多悲剧发生，因为还有许多太太认为她们可以办得到。

我认识一个女人，她已经努力了二十年，想让她的丈夫成为白领阶层。当她嫁给他的时候，他还是个快乐而且高明的水管工人。但她耻于让朋友看到自己的丈夫只带个便当做午餐（即使装满了最好的菜），而朋友们的丈夫却夹着公文包（虽然里面空无一物）去上班。所以她就插手进来，对丈夫提出要求了。

为了使太太高兴，这个可怜的家伙就去一家大公司当书记员。多亏他太太的这个决定，几年来，他在困难重重之中竟然也升了好几级。但是如果他继续当水管工人的话，他们的收入可能会更高。老天有眼，他太太高兴地看着他现在已经手拿笔杆，再也不用拿螺丝、起子了。他太太这才觉得自己可以抬起头了。可是，他对自己现在的工作感到厌烦，从生活中也得不到多少乐趣，而他的妻子却有许多时间去告诉她的女伴们，说她是如何把自己的丈夫从劳工阶层中拉上来的。

过分逼迫一个男人，不仅会迫使他放弃自己喜爱的工作，勉强从事不喜爱的工作，有时候还会促使他离开已经很合适的工作，硬着头皮往上升。而这样做的结果有时候却会带来不幸。

警车巡逻员西瓦次曼，在他的小女儿出生不久，就被调到另一个部门。在这个新职位上，他虽然加了薪水，但同时也需要更长的工作时间，而且压力也更大。他几乎没有时间照顾自己的太太和孩子。但是作为一个有责任心的警察，他仍然接受了这一职务，而且想要努力做好新的工作。

他看上去似乎过得还不错——直到他慢慢开始变瘦，晚上睡不着觉，觉得苦恼并且脾气暴躁。西瓦次曼就去找他的医生检查身体。医生是他的私人朋友，在他身上找不出什么毛病，但是在经过一次长谈以后，医生认为西瓦次曼的困境是他自己造成的。于是，这位医生打电话给警察局局长，说西瓦次曼再这样下去，就会倒下去再也起不来了，除非他被调回巡逻部的老岗位上，否则警方就要失去一个好职员了。

西瓦次曼又被调回来了——他的健康也马上得到了改善。他开始能够正常地吃饭睡觉，又胖了起来，脾气也好转了。

“我从中得到了教训，”西瓦次曼说，“对我来说，做一份我喜欢的工作，比领取高薪重要得多。健康、幸福和满足，比金钱更加重要。”

西瓦次曼能够很幸运地及时得到这个教训，而有些人却没有这种机会——直到时机已逝还不知道。

・你的野心会害了他

读过约翰·马奎特的小说《没有退路的据点》的朋友，一定还记得，在那个社会里，“高级”学校、俱乐部、衣服和生活方式，远比个性更加重要，所以书中主人公的妻子就不断地怂恿丈夫，要他一层层地往上爬，以满足她对社会名誉的欲望。这位丈夫虽然不怎么热衷于功名地位，但他对妻子的计划还是很配合，直到最后他想回头时，已经太迟了，他发现自己已经站在一个没有退路的据点——他已经深陷进一个不适合他本性的社交圈里。

野心太大，甚至会造成更严重的后果。在最近一期的《时代周刊》里，有一行标题吸引了我的注意力：《美国官员的自杀和野心有关》。

报道中说，一位 41 岁的国务院官员上吊自杀了，原因正如警方所说的，他是由于“野心受到了挫折”。一位负责调查的警官说，这位不幸的自杀者的最大野心是当一位外交官，但是他在国外服务考试中已经连续失败两次，或者是三次了。

所以，一定要满足于我们能力范围以内的工作，而不要因为野心和贪欲，害了我们自己或我们的丈夫。不要费尽心力去追求超出丈夫能力范围之外的成就。

彼德·史坦克隆博士在《如何停止谋害你自己》一书中，责备了那些过分逼迫自己丈夫的妻子——她们要自己的丈夫永无休止地努力，以赚取比她们的邻居更多的钱、更好的名声和更高的生活水准。

“这种女人，”史坦克隆博士说，“天生就是追逐名利的人，或是因为受到熏陶才养成了这种个性。我曾经看过这种人，破坏了许多家庭的幸福。”

因此，请让你的丈夫去发挥他那天赋的自我吧！不要强迫他进入我们所预见的、属于“成功”的概念模式里。

“一个作家不可能写好各种小说，”安德鲁·英洛伊斯在《生活的艺术》一书中说，“一个政治家不可能将每一个小节改革好，一个旅游家也不可能走遍每一个乡村。”

我再强调一次，一个人对不适合自己的计划，必须坚决而肯定地推辞掉。

如果你希望你的丈夫获得更高的成就，你就应该鼓励他、爱他、激励他，和他一起工作。但是一定要当心，别把他逼得太紧，或者是强迫他做超越他能力的工作。

爱他，也让世界喜欢他

你只需看看一个男人的妻子注视他的眼神，就知道他一定不会是个坏蛋。

·受人喜欢，有助于事业发展

P.T. 巴南自称是个“欺骗大王”——因为他以愚弄大众而出名。有一次他大肆宣传说他有一匹头尾倒生的怪马，每人付费 25 美分就可观看怪马，因此吸引了一大堆观众。然而这个怪物其实只不过是一匹普通的马，它的尾巴被绑在食槽这头，倒退着走进马厩里。

又有一次，巴南很成功地怂恿一群头脑简单的家伙，去观看“一只樱桃色的猫”。这只猫是黑色的，但是依照巴南的解释，有些樱桃也是黑色的。

已故的福洛连兹·齐格飞，曾经是一位出色的艺人。他不使用怪物招徕观众，但他可以使女孩子变得漂亮。据说，他能够使任何一位身材美好、仪态高尚的女士在使用他的装置和设备后，就会变成耀眼的美女。在他上演的夜里，他总是送上一大捧花朵，给他剧场里的每一位表演女郎。他使女士们感觉自己很漂亮——她们像美女一般被人对待，自然就会产生额外的光彩。

表演人员能够使用普通的猫和马来吸引大家，能把一个好看的女孩子变成维纳斯，聪明的太太们也可以使用演艺人员的方法，使她的丈夫受到大家普遍的喜爱。

妻子很少有机会在工作业务上帮助丈夫，但是只要她尽力，就能使丈夫在社交上受到别人的重视。

社交接触常常会找到很有价值的商业伙伴，因为大部分的人都喜欢和朋友合作共事，而不喜欢和陌生人在一起。无论他是卖贝壳、鞋带或保险，开飞机或者是经营小本生意，为名人写专栏或者是主持一家大公司，一个人只要受到别人的喜爱，就会在事业上获得许多好处。

我们怎样能够帮助丈夫结交朋友，并使之受到大家普遍的喜爱呢？

·让他受人喜爱

几年前的一个晚上，我丈夫和我到后台去拜访歌星吉尼·奥特利，那时候他正在麦迪逊广场花园里做主唱。在节目休息的时间，我们正要和吉尼以及吉尼美丽的太太伊娜一起去吃晚餐。但是，有一群要求亲笔签名的年轻小伙子在出口处把我们挡住了，他们想要吉尼的签名。虽然晚餐的时间很短，但是吉尼还是很乐意地和年轻人打招呼，在他们的节目单上签名。

我看了一眼奥特利太太，以为她可能会因为这个延误而感到懊恼。她注意到了我的眼神和抱怨声，就笑着说：“吉尼从不对任何人说‘不’——尤其是年轻小伙子们。”

伊娜·奥特利这个偶然脱口而出的说法，比起一大堆新歌迷杂志和出版商所发行的介绍文句更能表达出她先生的本性，这句话总结出她先生最可贵的和善态度——他的热心肠和亲切。

吉尼·奥特利当然本身就是受欢迎的。如果男人一开始并不受人欢迎，他妻子的态度能够对他有所帮助吗？我想这是可以做到的。我认识一个女士，她的丈夫在社交上并不受人欢迎，只是因为他妻子的风度好，大家才忍受他。这个男人傲慢自大，喜好争辩，缺乏耐心。但是，当他太太把他的不愉快的童年生活说给我听以后，我对于他的厌恶感就转变成了同情心。他是个孤儿，从小便被不停地从一个亲戚家转送到另一个亲戚家里养育，没有人想要他，也没有人爱他，他受到的是别人轻视和压制。

知道这个原因以后，我便能理解他的行为了。虽然他的妻子没有办法使他受人喜爱，但是她至少已经替他的缺点创造出别人对他的宽容的态度。

一个人如果想成功，就更需要一个好妻子，使他看起来很有人性和受人欢迎。“你看他妻子注视他的眼神，就知道他绝不会是坏蛋了。”这句话曾经把许多摇摇欲坠的公司主管从社交危机之中解救出来。

·做他的“推销员”

有些女人以为，炫耀丈夫的方法就是要炫耀自己。例如，如果可能的话，她们就想穿貂皮大衣来炫耀炫耀。但是聪明的女人知道如何使用其他更好的方法。

有一次，有个年轻的女士告诉我，她想学会如何讲有趣的小故事，用以加深她丈夫的朋友对他们的印象。我花上一段时间才说服了这位女士，告诉她如果让她先生来讲这些小故事，效果会更好。还有一些其他情况，比一些女人想要说些笑话更加可笑，例如，有个女人吸引住了全场的注意力，而她的丈夫却坐在一个角落里，孤单地把玩着自己的手指头。

使自己的丈夫引起别人的兴趣和注意力，最简单的方法就是在自己家里举行一些宴会，安排一些机会让丈夫表现他拥有的特殊才华。当然他的这些才华能够使别人得到乐趣。每天办理业务工作，使人很难有机会展现出众的才能，但是宴会是最好的展现机会。让我说些例子给你听。

加州格连载尔城有位亲切、聪明的卡蒙隆·西普。他是著名的舞台和银幕人物的传记作家。卡蒙隆天生喜好与朋友交往。通常，他的妻子卡洛琳在他们的院子里宴请朋友。在这里，卡蒙隆可以用木炭烤架烤出与大师媲美的牛排，并且在这种非正式场合之下，适当地说一些机智的笑话。

纽约的约瑟夫·福来斯医师，是一位成功的儿科医师，同时又是一位天才的业余魔术师。来到福来斯家里的宾客，常常会观赏到他的一场即兴魔术表演。约瑟夫是表演明星，而他的妻子玛丽琳是他的助手——有时候他们的两个小儿子也来帮忙和助阵。

这些有吸引力的男人，很幸运地拥有好的妻子，她们愿意隐藏自己，让社交场合里的注意力完全集中在她们丈夫身上。她们把自己压抑下来，使丈夫出人头地，她们情愿扮演次要角色，以便使家庭和谐，这比起他们两人同时要表现出各自的优点，家庭生活的美满会更深远。

在业务上受器重的人，往往到社交场合就哑口无言了，这种事情是常常发生的。他没有聊天的经验，也不知道应该从何说起。一个机灵的妻子就是这种男人最好的朋友了，她能够很自然地引领自己的丈夫参加谈话，使丈夫毫无困难地接着说下去。例如，“这使我想起上个星期吉姆和一个顾客在一起谈的事情。他告诉你什么事呢，吉姆？”这是一步好棋，它可以使吉姆很自然地说下去。

即使是这世界上最害羞的人，如果谈起他最感兴趣的事情，也不会再畏缩了。

有位年轻女士告诉我，她改变了她的丈夫，使他从一名性格内向的人变成一个喜爱参加宴会的人。“华尔特一向是个热心而受人喜爱的人，”她说道，“但是，只有他亲近的朋友才知道，他很少主动去认识新的朋友。他的自我意识使他看起来冷漠而且毫不开心。我希望人们能喜欢和重视他。

“提醒他注意到自己的这种情况，只会使他更加难过。所以我想出了一个办法，要在他不知情的状况下尽量帮助他。不管我们到哪里去，我都设法找个喜爱摄影的人。摄影是华尔特的嗜好，我把这个人介绍给华尔特，让他们成为好友。

“当他谈论醉心的嗜好时，很容易地就能使华尔特忘记他自己，他能够表现出他真正的个性。逐渐地，当他谈起其他话题时，也就感到容易多了。对于将要结交的新朋友，我时常会向他做个重点提示，使他有些谈话的线索。例如，‘史密斯夫妇刚刚从波特兰搬到这儿，他做的是木材生意’。

“由于我做了这些小的努力，华尔特的整个社交面貌都改变了。现在他很喜欢参加宴会，认识许多新朋友。人们认为这是一个奇迹。当人们告诉我‘你知道吗，你丈夫实在了不起’的时候，我觉得非常骄傲和快乐。”

和华尔特相反，我认识一位推销保险的人。他很喜欢研究枪炮的历史。在他的脑子里，有许多这方面不寻常的、稀奇古怪的知识。但是，很少有人知道他拥有这方面的学识，因为他的太太从来不会让社交的话题超出她自己所知道的范围。

如果妻子想要使丈夫受到普遍欢迎，只要做好以下三个方面，她的丈夫就不知有多幸福了：

1．使他受到人们的喜爱。

2．表现出他的才华。

3．巧妙地改变话题，使他表现出最大的优点。

你的巧妙赞美能帮他博得好印象

没有任何一位推销员、宣传家、记忆器……会胜过一个聪明的妻子。

•把他的优点无限放大

别人对你丈夫的印象，往往反映出你对丈夫的态度。

不久以前，我打电话给本地一位经销商，询问有关电气冷却系统方面的问题。经销商的妻子接了电话，告诉了我一些我想知道的事情。接着她又说："当然，卡耐基太太，对于冷却系统，我的丈夫是真正的专家，如果你愿意听我的安排，那么就让他到府上看看，他可以向你推荐一种你所需要的送风机。我只能是猜猜看，而他却非常了解。"

当这位男士到我家来勘察的时候，我早就因为他妻子对他的信任，而毋庸置疑地信服他——他所需要做的只是看看，整个交易就完成了。

这整件事说明一个事实：没有一个宣传员能胜过一位聪明的妻子。

"我们时常觉得，"多洛西·狄克斯说，"我们之所以会认为琼斯先生是个大人物，史密斯医师是个伟大的医师，这都是因为他们的妻子就曾这样告诉我们。”

人都有一种倾向，会按照我们对他们认定的性格去发展。如果常常对一个小孩子说他很笨，他就会比从前更加迟钝。而当赞美他有礼貌时，他的态度将会更加改进。当你和某人相处时，假设他已经成功了，那么在无意间，他就开始表现出获取成功的能力。

一些专业人员的妻子，似乎特别善于替她们丈夫的能力创造出伟大的印象。“我很希望我们能够出席宴会，”她会伤心地告诉你，“但是比尔现在很忙，他正要处理有名的琼斯公司的诉讼案件。”她也会有意无意地说出这样的话：“下星期，鲍伯必须在木区的医学讨论会上进行讲演，他太忙了，连我都很少能看到他呢。”

这些女士随口说出的几句话，就创造出了一种心理景象，仿佛她们那些年轻有为的丈夫必须用球棒击走一个个诉讼案件人（或病人）才有喘气的机会。

谦虚的男人往往不喜欢自夸，但是，如果让他的妻子为他吹嘘一番，只要她保持一种良好的风度，那就无伤大雅了。

在一次宴会上，我很高兴碰到了我很喜欢的演员和他的妻子——安东尼·甘勃·库柏夫妇。我在剧院、电影和电视上曾经看过甘勃·库柏先生若干次。他的妻子察觉出我的兴趣，便告诉我一些关于他早期演艺生涯中的事情——那些是我从来没有听说过的，以及他在伦敦老维克剧院和许多著名的明星排练演出莎士比亚戏剧的事情。在一个我很佩服的人身上，得到些额外的故事，我很着迷。回家后，我对他的艺术修养更加钦佩，真要感谢甘勃·库柏夫人。

芭蕾舞演员摩丝西琳·拉金嫁给了罗曼·亚辛斯基。她是俄国始源芭蕾舞团的明星，而且还是亚利西亚·马尔柯法和亚历山大·丹尼罗法这些伟大艺人的舞伴。

大约一年前，亚辛斯基先生和他妻子组织了一个他们自己的舞团，在全国举行表演。当摩丝西琳还是个小芭蕾舞演员的时候，我就认识她了，于是我问她这个计划进行得如何。

“很好呀！”她说，“你知道，亚斯加（她先生的小名）一直想要引导一个舞团，现在他的梦想实现了。他不只是跳舞，而且还要充当导演与舞团的经理，他现在做得很好。”

一般来说，许多杰出的演艺人都没有管理能力，现在他的妻子说他拥有经营才干，这就在亚辛斯基先生的名气上又增加了不少光彩。

专业人员和商业经理人都知道他们妻子的重要性。他们的妻子会巧妙地向全世界宣称，她们嫁给了一个多伟大的人物。在芝加哥青商会的一个集会上，芝加哥律师协会会长柯西曼·毕塞尔告诉他的会员们：不可以低估太太在帮助自己丈夫走上成功之路这方面所具有的能力。

“好好地巴结你的妻子，”毕塞尔先生奉劝这些前途无量的年轻的商业界和工业界领导人物，“你的妻子可能是你最好的‘推销员’，只要她做得不过火。她可以很得体地夸奖你，你却学不来她的那种好的风度。”

她当然能够做到，而且除了能够让别人注意到她丈夫的长处外，还可以将丈夫的缺点降到最少。

· 善待他的缺点

我们每个人都有缺点。贝多芬有听力障碍，拜伦腿有残疾，拿破仑害怕在大众面前讲演，就连勇猛无比的亚契尔斯也有他的弱点——他的脚踝。

问题是男人的错误有时候会阻碍了他的前程，但是女人的错误只会影响她在家庭和社交上的成功。

例如，每一位商业界人士都将会告诉你，记住别人的姓名和容貌是多么重要的一项能力，然而他们之中大部分人将会说，这一点很难做到。与其因为丈夫差劲的记忆力而感到遗憾，倒不如妻子训练自己去记住那些名字，当她发觉丈夫正在犹豫不决时，赶快帮上忙。

我的丈夫，就像许多大忙人那样，觉得记忆别人的名字非常困难。所以我们就一起想出一个简单的办法。每当我们要去见一大群人的时候，就事先想办法查出其中一些人的姓名，然后我又事先训练他一遍。我也尽量在谈话中重复提到我们遇到的人的名字，使他能够听见，例如，“戴尔，你记得鲁滨孙夫人吧。她刚才告诉我有关雷克·路易斯的事情。你最近到过那儿吗，鲁滨孙太太？”

这虽然只是个简单的小技术，但它能将我丈夫从许多困窘和焦急里解救出来。当然，为了帮助他，我必须训练自己去倾听和记住许多名字。因为，我比他有时间去做这件事情。有了训练和想要这样做的欲望，任何一位妻子都可以使自己成为丈夫得力的记忆帮手。

如果妻子愿意，她还能够通过训练弥补丈夫某些技能上或者是教育上的缺陷。许多自学成功的大人物，都是由于他那有学识与有教养的妻子帮忙，才获得成功的。安德鲁·强生总统的妻子，在结婚以后教导总统读书和写字。

许多现代人被自己的专业知识局限了，没有机会或空闲去学习其他的东西。这种人如果有个妻子，能够在一群人谈及音乐、文学及相似话题的时候都应答如流，他该是多么幸运。

有些男人太过于谦虚，这对他自己来说不见得是好事。如果你的丈夫就是那种习惯于看轻自己成就的人，那么就会有一种危险，即别人也会严肃而肯定地认为，他确实不是一个有才干的人。

那么你该怎么做呢？以下的一些建议，能够帮助一枝干枯的紫罗兰重新开出美丽的花朵：

1．提醒他过去曾经做过的而且成功的事情。

2．利用机会向他发问，鼓励他发表自己的意见。

3．多和那些能够欣赏与激励他的朋友交往。

虽然你的丈夫带给他人的印象并不能正确地代表他的价值，但是，这个印象的确也形成了别人对他的看法。所以，你何不帮助他给旁人留下一个好的印象呢？

两人行，巧为人师

盼望丈夫成功的妻子，必须发扬前辈拓荒的刻苦精神。妻子必须心甘情愿地让自己的丈夫去做他最喜欢的任何事情，即使他的做法是很冒险的。

• 一起尝试新的机会

19 世纪 80 年代，我祖父查理士·劳勃特森在堪萨斯州的农庄长大。他打算迁到印第安·泰里特利去，看看自己在这个边界殖民区里能干出一番什么事业来。于是，他和他的妻子哈丽特将整理好的行装放进一辆敞篷马车里，带着孩子们朝着未知的前途出发了。

他们在锡马龙河岸定居下来。这个地方就是现在的俄克拉荷马州东北部。我的祖父建造了一栋小木屋，用篱笆围起了一片属于自己的土地。不久，他又借了一些钱，在这个小乡村开了一家小商店，这小乡村就是现在的俄克拉荷马州杜尔沙市。

我的祖母哈丽特过着十分艰苦的生活，她要照顾九个孩子，身体也不太好，而且生活很不方便。她只能用旧报纸来糊那间最早盖起来的木屋窗口。那里没有医生，有一所只有一间教室的教会学校，小孩子全在一起念书。艰苦的生活、不断积累的债务、寒冷的冬天和炎热的夏天，这就是他们全部生活的写照。但是以当时这一地区的生活水准来说，查理士·劳勃特森是成功的。哈丽特在世的时候，看到她的丈夫成了一位成功的、受人敬重的居民，她的儿女们也都幸福地结婚了，而印第安·泰里特利也变成了联邦政府的一个州。

联邦政府这些州的发展，不仅是因为有像如查理士·劳勃特森这种男人的眼光，他们开拓了新的天地，并且扩展了疆界，而且还因为有了这些勇敢的妻子，像哈丽特这样的女性，她们勇敢地尝试新的机会。这些女人信仰上帝，信任她们的丈夫，而且坚信她们自己的信念，她们时刻面对着危险、困苦、疾病和死亡。当她们朝西部前进的时候，有没有怀念过她们以前舒适的家？有没有后悔过离开朋友、父母、财富，以及从不匮乏、没有害怕和劳苦的生活？如果说她们没有后悔过，那她们就没有人性了。

但即使是这样，拓荒的女士们也毅然跟随着自己的丈夫，来到了这些荒凉地区，写下了美国历史上光辉的一页。他们给自己的儿女留下了一笔巨大的遗产，包括土地、城市、辽阔的大地，以及一种不屈不挠的勇气和毫不动摇的光荣传统。

盼望丈夫成功的妻子，必须发扬前辈拓荒的刻苦精神。妻子必须心甘情愿地让自己的丈夫去做他最喜欢的任何事情，即使他的做法是很冒险的。不论遇到了什么挫折，她必须深信她的丈夫，而且毫不畏惧地支持他。只有能够不顾安全，努力实现进取心和创造心的人，才不会因为其他的原因而退缩。

·不要阻挠他的兴趣

我认识一位男性，在自己不喜欢的职位上工作了一辈子，就因为他的太太想要保住安定的生活，从而使他丧失了许多重新发展的机会。

刚开始的时候，他是个记账员，后来他赚够了钱，可以开一家自己的汽车修理厂了。这时，他结了婚，而他新婚的太太认为，在他们还没有买下房子以前，他最好不要辞去工作。等他们有了房子之后，他们正准备生第一个孩子，于是他的妻子又认为，独立开创自己的事业将是一件非常辛苦的傻事。于是，日子就这样一天天过去了。

他的薪水已经足够家庭开销，还有保险可以供孩子接受教育，还有必要去开创自己的事业吗？他的妻子认为这简直太可笑了！

于是在他妻子的利弊分析之下，这位男士就失去了创业的机会，因为他的妻子不愿意给他一次尝试的机会。现在，他是个对生活感到厌倦、庸庸碌碌的中年人，他把空闲的时间只用来保养或修补自己的汽车。他的脸上流露出一种失意的神色，而且患有胃溃疡，此外再也没有什么东西值得回忆了。

生命就这样过去了。他生命中绝大部分的时间都用来控制他对于工作的不满。他对自己的工作没有真正的兴趣，也没有热心，更没有以前的野心，而这些全都是因为他的太太不愿意给他尝试的机会。

如果他放弃了自己本来不喜欢的工作，尝试去做自己喜欢的工作而失败了，事情又会怎样呢？至少他将会因为已经做过自己想尝试的工作而感到满足了，而且一旦他攒够了失败的经验的话，他终究会成功的。

然而，使人感到沮丧的是，愿意鼓励丈夫冒险和尝试的妻子似乎只是少数。在雪佛酿酒公司最近的一项调查中，有六千名不同年龄的家庭主妇接受了调查。其中有一个问题是，如果她丈夫想从一份他不太喜欢但比较安定的工作，转到另外一份比较不安定而且薪水较低，却能够激发他兴趣的工作上去，太太们会不会赞成。结果，接受访问的太太们有半数以上说，她们不愿意让自己的丈夫改行。

·上帝只偏爱勇敢的人

我曾经替一位名叫查尔斯·雷诺兹的人工作过一段时间，他是俄克拉荷马州杜尔沙市一家大石油公司的财务助理。他是一个活泼、能干而又讨人喜欢的年轻人，他看上去一定可以一帆风顺地往上爬。他有太太、三个孩子以及光明的前途。

空闲的时候，查尔斯·雷诺兹喜爱绘画，他的许多风景油画都悬挂在公司办公室的墙上。有时候他也把自己的油画卖给公司外面的人。

虽然雷诺兹先生喜欢自己目前的工作，但是他更渴望自己能有更多的时间来画画。他一直很喜爱新墨西哥州的陶欧斯城，因为那儿是艺术家的乐园，他想放弃自己的工作，长久移居到那里。

当他和他的太太露丝谈到这件事的时候，她说："太好了！

我们可以卖掉这里的第一件东西，去那里开一家绘画用品店。我们还可以卖画框，我照看店面，你就可以专心画画了。我相信我们一定可以成功的。”

由于太太的热心鼓励，查尔斯·雷诺兹下定决心辞掉了工作，开始专心作画了。他们全家人都有了开创新事业的精神，他们的孩子小查尔斯放学之后也会来帮忙。雷诺兹画得非常好，终于成为西南部最成功的画家之一。他的作品曾经在美国各地区展览过，他还在许多画廊举办过个人展。现在，他当上了陶欧斯城画家协会会长，在陶欧斯城著名的济物·卡森大街上，他还建造了自己的画廊和画室。这都归功于他和他的妻子有勇气去尝试一个新机会。

这种冒险所获得的成功并不值得惊讶——因为他们成功的可能性很高，如同范狄格里福特将军经常在打仗前对他的军队所说的：“上帝只偏爱那些勇敢而坚强的人。”

最适合某个人的工作，或能够使他感到快乐的工作，并不一定会让他富有或过上好日子。然而，除非一个人的工作能够带给他内心的满足，否则就不能算是真正的成功。作为妻子，你需要有精神上的耐力，才能够让你的丈夫自由自在地去做他所喜爱的工作，而放弃他所不满意的、不喜欢的、薪水较高的职位。

许多男人创造出来的伟大成就，可能都是因为他们无私的妻子愿意和他们一同尝试新的机会，而且愿意放弃物质享受，因此他们才能够去做更适合他们个性的工作。

・要有足够的勇气

伦敦著名的救世军不只是它伟大的创始人威廉·布斯的活纪念碑，而且也是威廉最具爱心的妻子凯瑟琳·布斯的活纪念碑，因为她曾奉献了巨大的精力来推广这一运动。

威廉·布斯把传道当成自己的天职，他在伦敦的贫民窟为穷人、残疾人和流浪汉讲道。他、他的妻子和孩子们都忍受着寒冷、饥饿和嘲笑。他努力帮助穷人，以致损害了自己的身体健康。他的妻子也从小身体不好，患有脊柱弯曲症，必须使用脊柱支柱。她还受到过肺结核的威胁，晚年又受到了癌症的折磨。她临死前说：“我从来就不知道有哪一天不是生活在痛苦中的。”

然而，这位瘦弱而多病的妇人，除了做饭、洗衣和照顾他们的八个子女之外，还要帮助她的丈夫，为那些比他们更穷困的人奉献出自己的慈爱。她也和丈夫一样传教讲道。到了晚上，经过白天的劳累之后，她还要去贫民窟帮助那些饥饿、生病或是遭遇困难的人。她为那些怀了私生子而未出嫁的姑娘准备饭菜，为她们寻找安身的处所。她还和那些小偷、流浪汉、妓女谈话。

你一定会想，只要有适当的机会，凯瑟琳·布斯一定会想离开这个悲惨的地方的。这种机会确实有过。有一次，当地的牧师会议受布斯的真诚感动，就在一个比较富裕的地区，留给他一份很舒服的讲道工作，这样一来，他就可以放下他在贫民窟的工作了。

但是，他们忽视了威廉妻子的感受。凯瑟琳·布斯马上站起来反对道：“不要！不要！”

多亏她有不怕艰难的精神和坚决的信心，现在才有了救世军在各处的发展。我真希望凯瑟琳能够活得更长一些，亲眼看到她为丈夫所做的贡献所产生的成果。我真希望她现在能知道，在威廉·布斯的葬礼举行时，伦敦街头上挤满了六万五千多人，当他的灵柩经过的时候他们都向他表示敬意，连伦敦市长也来为他送行。欧洲一些国家的宫廷或皇室以及美国总统也都送来花圈。在他的灵柩后面，有五千名年轻的救世军成员跟随着，齐声唱着赞美诗歌，歌颂他们伟大的领袖。我宁愿相信凯瑟琳已经都知道这些了——这位瘦弱的女人完全不顾自己的安全，毅然加入了她丈夫伟大的献身工作，这才有了她丈夫的成功。

是的，成功的真正意义，就是找到你所热爱的工作，并努力去做——在奋斗的过程中，必须不顾自身的安全与幸福，只有这样，才是获得我们真正想要的东西的唯一方法。

“上帝啊，请赐给我一个年轻人，他必须有足够的胆识，去做别人心目中的傻事。”罗勃特·路易斯·史蒂文生说。

而莎士比亚则这样说：“疑虑是我们心中的叛逆者，由于害怕去追求，将会使我们失去我们通常能够获得的东西。”

上帝的确偏爱勇敢而坚强的心灵。如果你希望自己的丈夫在他觉得最有意义的工作中获得成功，你就该鼓励他去尝试每一个机会——而且你要有足够的勇气，和他共同克服困难渡过危机。

第五章

越爱越浓，理解婚姻的真谛

那绸缎似的温柔

许多深爱着自己丈夫的女人，并不知道如何让她们的丈夫获得快乐和幸福。她们内心当中虽然有全世界最具爱心的愿望，却总做出一些错事。

・体贴可以很简单

著名作家 E.J. 哈地曾经写过，在新西兰某个地方的墓地中有一块陈旧的墓碑，上面刻着一个女人的名字和这些字：“她是如此温柔可爱。”

我不知道这些字会给你什么感受，但是，根据我个人的感觉，我实在想不出有什么其他更好的碑文让我更想拥有，或更值得拥有的了。这位伤心的丈夫，把这些字刻在他妻子的墓碑上，想必他一定拥有数不尽的幸福回忆：当他回家的时候，妻子微笑地等着他，热腾腾的饭菜早已摆在桌上；即使讲一个过时的小笑话也会有人附和大笑，家庭永远充满爱心和舒适，等着他回家。

做个温柔可爱的女人，以及有一个成功的丈夫，这两件事其实是很有关系的。根据专家的说法，男人的太太如果能够使他快乐幸福，他就有更好的机会获得事业上的成功。

令人非常惊讶的是，许多深爱着自己丈夫的女人，并不知道如何让她们的丈夫获得快乐和幸福。她们内心当中虽然有全世界最具爱心的愿望，却总做出一些错事：应该让丈夫出门的时候，她却仍然像水蛭那样缠住他不放；应该安静地听丈夫说话的时候，她却仍然喋喋不休；管理家庭事务的时候，她又像个军事教官。

虽然要讨男人的欢喜并不很困难，但最起码也要像准备举办一次舞会那样，不但要机灵，还要有想法和肯努力——不过不必像一般的女人那样花费那么多的时间去打扮自己。

我并不是说我们不应该尽量使自己的外表显得更迷人，而是想说我们之中有许多人只是注意自己的装饰，反而忘了该表现出内心的关怀。学会了博取丈夫欢心艺术的女人，永远不必担心在失去迷人的青春和娇好的身材之后，把握不住丈夫的心。

每一位第一流的女秘书，都知道如何使她的老板欣赏她。她会去研究老板的嗜好，知道他喜欢什么，也知道什么东西会让他生气，以及在怎样的环境下可以把工作做得最好。她会改变一些自己个人的嗜好，让老板觉得更舒服。例如，她会改用无色的透明指甲油，如果这是她的老板更喜欢的颜色的话。

作为妻子，你也可以从女秘书的工作秘诀中学到一些技巧。当然，你也一定可以像女秘书替老板工作那样，为你的丈夫做同样多的事情。

最引人注目的成功婚姻，都是建立在这一基础之上的——妻子能够体贴地想到并学会采用使丈夫快乐的方法。

当我访问爱连诺·罗斯福总统夫人的时候，她告诉我，她的丈夫总喜欢让她安排儿女中的一个跟随他们出去做演讲旅行。这种安排不仅会使总统感到高兴，而且有助于他在吃力的行程压力之下放松自己。“在旅途中，总是有许多家庭趣事，”她告诉我，“我们经常是有说有笑。这使得我丈夫更容易胜任他那沉重的工作。”

另一位总统艾森豪威尔的夫人也说过，通过记住许多小事来为丈夫创造幸福，是一个女人最主要的工作。

・把对方放到第一位

也许这些小事情并不是真的那么小。查斯特菲尔德不是说过“要养成最好的风度，总是先要做些小牺牲”吗？而这也是美满婚姻的秘诀之一，情愿放弃一些个人爱好的妻子，她所得到的报偿和那些小小的牺牲比起来，是很值得的。

奥嘉·卡巴布兰加夫人就认为上面的说法很对。她是约瑟劳尔·卡巴布兰加先生的遗孀。她先生曾经是古巴外交官和国际著名的西洋棋冠军。卡巴布兰加先生是一个聪明、灵巧而且处处受欢迎的人。就像许多能力不平凡的男人那样，他对自己的想法总是非常固执。

但是，他们的婚姻非常美满，他们享有浪漫的爱情，能够相互尊重。奥嘉·卡巴布兰加带给她的丈夫这么多的快乐，所以她丈夫有时候也会高兴地放弃一些他自己本来十分坚持的意见，以博取她的欢心。

她是如何获得这种奇迹的？她只不过是做了一些“小小的牺牲”而已。当卡巴布兰加先生心情不好而一句话不说的时候，她就让他一个人去思考，而不会用唠叨话来激怒他。她本来喜欢参加舞会，她的丈夫大部分时间却喜欢待在家里，所以她心甘情愿地放弃了许多迷人的社交聚会。如果她丈夫不喜欢她穿在身上的衣服，她就会马上换一件他喜欢的。她丈夫是一位喜爱哲学和历史的文人，奥嘉本来只喜欢比较轻松的书，然而她还是专心地看着她丈夫喜欢的书，正如她告诉我的那样，这是为了“赶上他的思想，并且欣赏和领会他的谈话”。

她的丈夫有没有因此而感激她呢？你只要看看他们下面的发展就明白了。卡巴布兰加先生本来认为，赠送礼物是一件非常可笑和做作的事，但是有一次在情人节那天，他却像个小学生那样，红着脸送给他太太一盒很大的、漂亮的巧克力，这是他刻意对他心爱的妻子表示自己的爱意。她当时高兴得无法形容，因为她根本不会想到她那理性的丈夫竟然会送给她这件完全没有理性的礼物——而且她丈夫真的是喜爱这份礼物。

自从那次经历之后，送礼物给自己的太太就成为卡巴布兰加先生最大的乐趣之一了。有一次，他花钱请一名商店职员加班两个小时，用各种大小不同的盒子把一小瓶香水包装起来，他只是为了看看他太太打开这些盒子时脸上展现出来的笑容。

卡巴布兰加太太是如此用心地为她先生的幸福创造条件，而她的先生也在博取她的欢心的同时得到了许多快乐。这就难怪他们的婚姻会如此成功了。

• 丈夫的回报

带给自己丈夫幸福的妻子，也会从丈夫那儿得到幸福，就像卡巴布兰加太太那样。伟大的狄斯雷利的妻子也是这样，她曾告诉她的朋友：“真要感谢我丈夫对我的体贴，我的生命一直是一种单纯而永恒的幸福。”

想要使一个男人快乐幸福，只需让他感到舒适，并让他按照自己的意愿去做他必须做的事，这就足够了。这也许需要你依照丈夫的喜好来改变自己的个性，或者是参与他的消遣和娱乐。但是不论怎么做，你都应该了解，只要使你的丈夫快乐幸福，你就等于为他的成功做了最重大的贡献。

然而，最美好的事情是，当你们一起过了四十年或五十年之后，他仍然说：“她是如此温柔可爱。”

做个知心爱人

和你所爱的人共同分享特殊的嗜好和娱乐，这是在夫妻关系之中获得幸福的最主要方式之一。

• 分享他的兴趣爱好

和丈夫共享每一件东西——不论是一片面包还是一个思想——都可以使你和他的关系更加亲密。和你所爱的人共同分享特殊的嗜好和娱乐，这是在夫妻关系之中获得幸福的最主要方式之一。这是专家告诉我的。佐德豪斯先生曾经对二百五十对有着幸福婚姻的夫妇做过调查研究，他发现，夫唱妇随是这些婚姻最终成功的主要因素。

夫唱妇随的基础是什么？是他们有共同的朋友、共同的嗜好和共同的理想——这些东西能够把两个人结合在一起。

现在，让我们来看看实际情况吧。我要说的第一对夫妇非常有名，他们是亚瑟·摩雷和他的妻子凯瑟琳。他们很可能是有史以来教过最多舞蹈学生的老师。摩雷夫妇已经结婚二十八年了，他们一直在一起工作。

我问凯瑟琳·摩雷：“你们这样亲密地在一起工作，是如何避免陷入单调重复的生活方式的呢？难道你们不觉得，要把你们的事业和私人生活分开，是一件很困难的事情吗？”

“一点儿也不困难，”摩雷夫人说，“只要我稍稍努力就行了。我总是想办法打扮得很漂亮，这只是为了一个原则——我宁愿让十个男人看到我没有化妆的样子，也不愿让我丈夫看到。但更重要的是，我们共同享有一些嗜好：我们都喜欢游泳和打网球。只要有可能，我们就利用假期一起去参加这些运动。上星期我们就到百慕大去做了一次简短的旅行。共享我们的乐趣，可以使我们在不同的基础上也能相处融洽，而且为我们的生活加入新的变化和活力。”

是的，整天只知道工作而没有娱乐，会让婚姻变得索然无味。如果妻子学会分享一些丈夫喜爱的嗜好，就可以增加她“夫唱妇随”的愿望。

“在成功的婚姻生活中，”哈里·C. 史坦因梅兹在《临床心理学》杂志中写道，“对于对方嗜好的适应能力，比夫妻双方本来就相同的嗜好和习惯，更加重要。”

克丽奥帕特拉——这位古代尼罗河畔的埃及艳后，她从没有学过临床心理学，但是她精通不少控制别人的方法——这些方法对男人最有效用。布鲁塔克曾告诉我，克丽奥帕特拉的美丽并不是举世无双的，但是她和别人共享快乐和特殊嗜好的才能，使得她所向无敌。

她通晓埃及所有附属国的方言，而她的祖先中没有人费心思去学会这些方言。当附属国的使节前来朝贡的时候，克丽奥帕特拉不需要翻译人员，她自己就用他们的方言和他们说话，于是便赢得了他们的忠心支持。

马克·安东尼喜欢钓鱼，于是喜欢奢侈豪华的克丽奥帕特拉就不再举办大型宴会，而是跟安东尼一起去钓鱼。有一次，安东尼好几个小时都没有钓到一条鱼，她就叫了一个奴隶潜到水底，把一条大鱼挂在他的鱼钩上，和他开了一次玩笑。

有时候，克丽奥帕特拉为了博取安东尼的欢心，甚至化装成平民，跑到亚历山大城内的贫民区和下级赌场去狂欢作乐一番。马克·安东尼喜欢做的每一件事情，对娇美的克丽奥帕特拉来说，也都是非常喜欢的。

然而，我们之中却有多少人愿意穿上长筒靴和粗布衣，不怕淋湿、肮脏和寒冷，陪自己的丈夫去钓鱼呢？

• 一起经营休闲生活

我认识一些寂寞而且不快乐的太太，她们常常抱怨自己的丈夫把大部分周末时间浪费在高尔夫球场上。其实，她们早就应该学学我朋友佛露莲丝·尚梅克的做法。

已故的里昂·尚梅克先生是一位著名的工程师，他在纽约城设计了许多大马路和大桥。他是一位杰出的业余运动员——好几届奥林匹克运动会剑术代表团的成员，以及高尔夫球比赛冠军。他的妻子佛露莲丝嫁给他的时候，连这些运动最浅显的术语都还弄不明白。但是她后来不仅学会了打高尔夫球，而且还获得了三次全国女子剑术比赛的冠军，又多次入选参加奥林匹克运动会比赛。如果她不是这样不怕麻烦地学习，和她的丈夫共享兴趣与嗜好，可能她的丈夫就必须放弃生命中一部分最有价值的生活，或者她只好在丈夫出去参加运动的时候，独自过着寂寞的生活。

艾德加·华莱士是一位著名的神秘小说家和冒险小说家。他的工作非常繁重，赛马是他最喜爱的消遣活动。华莱士太太对他这种贵族式的运动没有特殊的兴趣，但是她知道丈夫需要有一个松弛的机会，所以她每次都陪着丈夫去看赛马，并和他一起欣赏那些名驹，以鼓励他花更多的时间来放松。

妻子如果学会从丈夫的休闲娱乐之中获得乐趣，就不会被丈夫撇下不管了。这时，你的丈夫会一个人去别的地方玩乐，而留下你在家吗？如果是这样，他就是一个无可救药的自私自利者了。

弗兰西斯·休特太太刚结婚的最初那段日子过得很不愉快，因为她的丈夫还保持着单身时代的习惯，在休闲的时候都和他那些男伴出去玩。休特太太希望他能够经常留在家里，但是她并没有对他唠叨、哭泣，抱怨他忽视自己，或是跑回娘家去。相反，她开始研究丈夫的嗜好，并且为他准备好这些娱乐。

休特先生很喜欢下国际象棋，而且达到了职业棋手的水准。所以休特太太就劝丈夫教她下棋，后来她也达到了相当高的水平。休特先生喜欢与人交往和参加舞会，所以休特太太就尽量让自己与他们的小家变得非常吸引人和舒适，于是她丈夫就很自豪地把朋友带回家来，而不再经常跑到外面去了。

这种做法非常有效。休特夫妇结婚已经四十年了。自从那些日子以后，休特先生就不再认为必须离开家到外面去找朋友玩了。事实上，休特太太还说，即使她现在想让他独自出去，还有许多困难呢。

“我认为，”休特太太告诉我，“妻子能够为丈夫做的最大事情，就是使他快乐。我生平最大的一个愿望，就是能够与人愉快相处。”

休特太太精通了做个好伴侣的方法，你不妨也来分享你丈夫的嗜好！

尊重彼此的嗜好，互相支持与欣赏

让丈夫拥有自己感兴趣的嗜好，并给他合理的机会享受完全的自由，那么你就是在做使他快乐的事了。

·尊重他的嗜好

和丈夫共享他的嗜好，是让他快乐的一种方法。但是，让丈夫单独享有一些完全属于他自己的特殊嗜好和兴趣，也是很重要的。

“没有谁的婚姻能够得到终生的幸福，”安德烈·摩里斯在《婚姻的艺术》一书中说，“除非夫妇之间能够相互尊重对方的嗜好。更深一层说，如果夫妻双方希望两个人有相同的思想、相同的意见和相同的愿望，这是很可笑的想法。这是不可能的，也是不受欢迎的。”

所以，你应该让你丈夫有私人的空间去做他的工作，如集邮或是其他任何他所喜爱的事情。在你眼中，他的嗜好也许不怎么高雅，但是你千万不要阻止它或是厌恶它，你应该迁就他。

为威尔·罗杰斯写传记的荷马·克洛伊，在写威尔的电影剧本的时候，经常住在加州罗杰斯的农场中。克洛伊先生告诉我，有一次，威尔·罗杰斯突然想要一种外形凶猛、杀伤力很强的南美大刀。

罗杰斯太太的第一反应是劝他不要去买，因为她不了解她丈夫要这么一把大刀，到底是想做什么。难道只是拿来看一两眼，就把它搁到一边忘了吗？

想了一会儿以后，罗杰斯太太决定满足丈夫，她甚至还走了一段很远的路来到城里，亲自为他买回一把大刀。这使得威尔高兴得就像是过圣诞节的孩子。

在威尔心爱的牧场里，有一片长满了多刺的矮树丛。他经常带上这把大刀，在矮树丛里砍伐几个小时。后来，竟清理出一条供马和行人通过的小路。每当他遇到难题时，他就会提着他的这把大刀，独自走出去，像疯子那样在矮树丛中大砍一番，当成自我消遣。过了一段时间以后他回来了，全身流着大汗，不仅他的困难解决了，他的牧场也更漂亮了。

他时常说，那把大刀是他曾收到的最好的礼物之一。罗杰斯太太想起她那时能够满足丈夫相当可笑的愿望，总是感到非常高兴。

这就是一种嗜好所带给男人的好处了：让他能够精神爽快、冷静而热心地回到自己的工作上来。

· 良好嗜好带来的幸福

养成一些良好的嗜好，不仅能使丈夫得到好处，妻子也通常可以获得助益。

我的表姐詹姆斯·哈里斯夫人嫁给一家大石油公司的地区审计员。詹姆斯·哈里斯在休闲时喜欢装饰室内和修理家具。当然，他的妻子非常欣赏他漂亮的手艺，由于他有这种良好的嗜好，他们家显得非常吸引人。

他还有另外一种嗜好，给每个人带来了许多乐趣：他教他家的苏格兰种小猎狗马克演把戏，虽然马克是业余演员，但是很受观众喜爱。它最拿手的绝活是弹钢琴，开始的时候用前脚弹，然后用后腿弹——有时候还四条腿并用一齐弹。

请记住，妻子如果能够鼓励丈夫培养一种有趣的嗜好，就不必担心他去追别的女人了。只有那些对生活感到厌倦的丈夫，才会掉进狐狸精的陷阱里。

职业心理学家警告我们：当男人开始对他的嗜好和消遣比本来的职业更热心的时候，妻子就应该特别注意了，这表示有些事情不对劲。他正在利用他的嗜好来逃避工作，这里面可能有什么原因使他不再对工作感兴趣。如果这种情况发生了，你就要想办法帮助他分析情况，找出问题所在。嗜好的真正作用，是帮助人们改变繁忙的工作步伐，舒缓紧张的心情。我们应该利用嗜好来恢复对工作的兴趣，而不是用它来代替工作。

依照人的自然本性培养出来的嗜好，还有很大的治疗价值。艾力克·G. 克拉克夫妇的经验就是一个相当好的例子。

第二次世界大战期间，他们曾被关在日军俘虏营。克拉克先生是中国上海股票交易所的职员，他和他的妻子露丝于 1941 年被关押在华南地区。他们在那儿被关了三十个月，和另外近两千名英籍、美籍俘虏过着困苦、饥饿和难受的生活。

在《基督科学箴言报》的访问里，克拉克先生说：“那段经历告诉我们，虽然一个人能够被剥夺家庭财产，甚至他的特长，但是如果他对无法毁灭的东西具有深厚的兴致和修养，他的精神就不会被破坏。当然，我指的是依照天性培养出来的嗜好，例如一个人对于音乐和文学的爱好，或是其他人的努力结果，都是不可能被剥夺的。”

克拉克夫人是中国玉石和纺织方面的权威。她在俘虏营中为朋友们讲述这些知识，使他们忘记了自己所处的悲惨环境。

克拉克先生的嗜好是圣乐。他在战争之前，曾经组建了上海圣乐合唱团。现在，他又在俘虏营中推广唱诗班。克拉克夫人想办法在她被准许带进俘虏营的一些东西里，夹带进了许多乐谱。所以俘虏营里的合唱团在克拉克先生的指挥下，能唱从圣诞颂歌到吉伯特与苏利文的情歌剧。

由于有了这些经验，克拉克先生就可以很权威地讲出嗜好的价值了。“我愿意鼓励每一位男士和女士，”他说，“培养出一种消遣或嗜好。在无事可做的退休状态下，嗜好可以带来许多幸福，不论这种退休是自愿的还是被强迫的。”

为什么不鼓励你的丈夫接受克拉克先生的劝告，在某些有价值的嗜好中培养出一种兴趣呢？

·欣赏彼此的不同点

丈夫有了特殊的嗜好以后，我们还必须让丈夫独自去做他喜爱的事，使他觉得有了真正属于自己的东西。这对于每一个人都会很有好处。

有一位单身男士告诉过我，如果他能够找到一个女孩子，愿意陪伴他，而且在他希望单独待一会儿的时候，能够尊重他的这种愿望，让他独自去做自己喜欢的事，那么他就会马上和这个女孩子结婚。

家庭主妇都有许多单独自处的时间，所以她们通常无法理解这种奇怪的男性愿望。一个被“撇下不管”的男人，并不意味着真正的寂寞——这只是说，他从女性的需求和拘束之中获得了自由，拥有了独自支配自己灵魂的机会，并且至少享受到了自由独立。

有些丈夫会在某个晚上离开家出去打打保龄球，或是和一群男士玩纸牌，由此获得自由独立的感觉。有些人则是去钓鱼，还有人把自己关在车库，把汽车仔仔细细地检修一番，或是读一本侦探小说。不论丈夫把这些快乐的自由时间做了什么特别的安排，如果妻子能够尽心促成这些事情，那她就是最聪明的女人了。

我从自己的经验里了解了这件事。二十年来，我丈夫一直有个习惯，每个星期天下午都要和他那位作家老友荷马·克洛伊在一起。戴尔认为，不能因为他已经结婚了，就必须放弃这个乐趣，因为整个礼拜的其他时间我们都在一起了。后来我终于学会了安排我自己星期天下午的时间，而我丈夫和荷马在星期天下午也得到了许多乐趣。他们在森林中散步，无拘无束地轻松一番，到平常不可能去的餐馆吃一些平常不可能吃的东西，或把冰箱里的东西吃个精光——这是在享受一种自由的、轻松的、孩子气的乐趣。然后，他们都会带着非常愉快、平静、新鲜的感觉回到自己的妻子和工作身边。

毫无疑问，丈夫时常需要从束缚他的皮带中挣脱出来。如果妻子能够帮助和鼓励他们，去培养一些有趣的嗜好，并且给他们合理的机会享受完全的自由，那么我们就是在做一些使他们快乐的事。

一个幸福快乐的男人，一定会比一个害怕太太、受到骚扰和挫折的男人工作得更好，而且更有希望获得成功。

你不是男人的附属

培养你自己的嗜好，让自己的特长闪耀出精彩的魅力，不仅可以使你获得更多的自信，而且会让男人对你刮目相看。

做个好太太的第三种方法是，作为妻子，你要有一些自己的嗜好。

使我们感到疲倦的，并不是繁重的工作，而是生活的烦闷和单调。许多人在游玩的时候，会和赚钱一样卖力，这就是因为活动内容的改变，可以消除我们疲倦的心情。

·为自己留一块“禁地”

与丈夫一样，妻子也要培养自己的嗜好，发挥自己的特长。尤其是家庭主妇，必须消磨许多独处的时间，如果能够利用休闲时间和别人联系交往，那将非常有益。

华尔特·G. 芬克伯纳太太，在她的孩子上学以后，就到圣鲁克圣公会教堂的主日学校去教课。她发现她对于照顾小孩很有天赋，所以她又去圣鲁克日间部学校教幼儿园班。芬克伯纳太太写道：

“这项工作带给我许多惊喜，我以前对于家务过分苛刻，每一件小事情都必须严厉苛责。现在我的眼光宽多了。早上我提早一个小时起来整理家务，然后驾车送孩子们上学。接着我到自己的学校去上班。

“我是孩子们的保姆。星期三晚上，我陪丈夫和一些朋友打保龄球。星期四晚上有空时，就参加我们教堂的一个讨论会。这个讨论会在心理上和精神上给了我许多益处。再加上每星期三天的教课，我的工作表就排满了。

“这些家庭以外的工作使我有了很大的收获，给我们家人的晚餐时刻增加了不少乐趣。我曾经读过一篇描述一个精神病患者的文章。他小的时候，由于父母经常把餐桌当战场，互相争论各种问题，所以他现在想要吃东西的时候，就会把每一口食物都吐出来。现在我们家有个规矩，吃饭的时候只能谈那些愉快的话题。晚餐就是综合汇报时间，我们大家都可以分享到这一天的趣事。而我这个具有创造性的计划，让我有更多有趣的事情来和大家分享。

“这些工作也给了我更好的价值观。我不再计较从前困扰我的小事情，而把精力集中在较大、较重要的事情上，如把我们家变成一个和平与爱的大堂，让每个人都感到舒服、愉快。”

如果选择适当的工作计划能够带给芬克伯纳夫人这么多的好处，那同样可以带给你或我这些好处。

· 爱的保鲜膜

至于哪一种兴趣或嗜好可以带给你好处，这就要看你有什么特殊的天分或对什么开始产生兴趣了。想想看，有什么东西是你一直想拥有或想做的?

以我个人来说，我从纽约城莎士比亚俱乐部的活动中得到了许多乐趣。这个研究性团体，总是讨论一些我很喜爱的题目，使我在思考 20 世纪问题的时候有了一种新鲜的感观，而且使我除了与丈夫谈谈牛排的价格以外，也有了一些新的话题。

我丈夫对于亚伯拉罕·林肯的人生有着特殊的兴趣，而我则对莎士比亚很有兴趣。我们相互学习，对于对方心目中的英雄人物就有了更多的了解。我们有许多讨论的机会，有时候会发生争执，但也得到了许多乐趣。如果我们都只是喜爱相同的东西，就得不到这么多乐趣了。由于各有不同的爱好，我们互相拓宽了对方的眼界，带给双方更多的东西。

沙慕尔和艾瑟·克林在他们合著的《婚姻指南》中说："结婚后的夫妇过着非常亲近的生活。他们在一起做每一件事情，结果常常给双方的关系造成了窒闷的影响。培养不同的兴趣和嗜好，可以形成经常性的变化，帮助他们保持婚姻的新鲜和活力。"

所以，如果你觉得你的婚姻已经单调得需要添加点儿调味品了，就想想你有什么嗜好吧，看看你的嗜好是不是让你已经成为你先生最好的伴侣了。

爱是最大的感恩

爱是一种最好的食粮，我们的精神靠它生存和成长。如果没有爱情，我们的道德心就会弯曲变质。

“小孩子觉得没有人爱他，这是少年犯罪的主要原因之一。”纽约市少年家庭董事会秘书、社会工作专家艾西尔·H. 怀斯先生在麻州社会工作讨论会上这样说。

我丈夫和我也认为这种说法是对的。我们曾经在俄克拉荷马州艾尔·雷诺的联邦少年感化院，为少年犯们讲授有关人际关系的课程。

渴望爱心，似乎是这些不幸的男孩子存在的普遍问题。有一个少年说，他的母亲从不给他回信，后来他写信告诉他母亲，说他正在上一些课，他觉得自己的外貌改变得好多了。可是不久他母亲写信给他，说监狱是他最适合待的地方。

另一个 19 岁的男孩汤米，他有十年以上的时间在孤儿院、监狱和感化院度过。他说：“我们最需要的，就是有人来爱我们，但是从来没有人爱我或要我。我在 16 岁以前，从没有得到过一件圣诞礼物。”

毫无疑问，这些忍受着情感缺乏的孩子，之所以会犯罪，多数是为了补偿这种爱的缺陷——就像一个饿昏了的人，当他找不到好食物的时候，那些即使对身体有害的东西他也会吃。

爱是一种最好的食粮，我们的精神靠它生存和成长。如果没有爱，我们的道德心就会弯曲变质。

“一个普通人所能说的最正确的话，”心理学家高登·W. 沃尔波特说，“就是他从来不会觉得，他的爱或别人给他的爱已经使他满足了。”

爱在人类社会的潜力，就像原子能那样巨大。爱情能够产生奇迹，而且的确每天都在产生奇迹。你给你丈夫的爱，是他成功的原动力。因为，如果你真心爱他，你就会心甘情愿地尽你的一切能力去做每一件事，使他快乐和成功。

你给你丈夫的那种爱情，也会影响到子女的幸福。保罗·柏派诺博士在全国教师家长联谊会中说：“教师家长联谊会，如果愿意在年会里完全不谈小孩子的事情，而只讨论如何使丈夫和妻子更加相爱，也许对孩子的幸福会有更大的贡献。”

那么，我们该怎么做才能提升爱情的深度呢？以下有一些特殊的建议：

• 每天都要表现出爱心

许多女人碰到危机的时候，都能够应付自如，可是，她却不知道带给丈夫最渴望的爱情面包。假如丈夫失业了，患上结核病或是被关进监狱里，她都能够像岩石那么坚强，不断地帮助丈夫；但是，当生活正常平稳地进行的时候，她就忙得忘了告诉自己的丈夫，他在她的心目中是何等重要。

大部分的女人都相信，她们是应该被爱护、需要人讲些甜言蜜语听的。我经常见到一些女人抱怨自己的丈夫忽略她们，不知道赞扬她们，其实，她们往往也吝于对丈夫表示关爱。她们时常挑剔和批评丈夫的错误，她们正是威廉·伯林吉尔博士所描述的那种女人："有些人太爱自己了，她们愿意分给别人的爱实在太少。" 如果他所做的每件事情，妻子都视为理所当然而不会表示感谢，丈夫很快就会停止取悦他的妻子了。

我们之中有些人，并不知道丈夫每天为我们做了多少小服务，这是因为我们习惯于让丈夫为我们做这些事情。我曾经认为我丈夫没帮过我什么忙，他不会换小孩子的尿布，或是弄紧一个漏水的水龙头。然而，有一年夏天他到欧洲去了，我才很惊讶地发现，他每天都为我做了许许多多的小事，而我却没有向他说过一声"谢谢"——现在我必须自己动手去做那些事了。

•细节之处见温暖

当丈夫想要换上拖鞋休息一会儿的时候，我们却穿上衣服想要出门，这是不行的。具有深挚爱心的妻子，应该先了解丈夫每天在外面工作一天后的需要，然后才盘算自己的需要。

我很辛苦地学到了这个教训——就在我的蜜月里。戴尔和我在俄克拉荷马城度过了我们婚后的第一个星期。在那里，他正在进行为期一周的演讲。我那时正全心全意地沉浸在美丽的幻想中：

赞美的语句、罗曼蒂克情调的烛光和小提琴的演奏声。然而，我发觉我只能独自在房间欣赏自己的嫁妆，而我的新郎正和委员们谈论，研究他的演讲稿，并和赞助人讨论着事情。他太忙了，我必须先和他定个时间，才能接近他。在那些我们能够共处的短暂时刻里，我一直对他表现出愤怒和不悦。

直到今天，我认为自己很幸运，他那时候没有把我的行装整理好送我回我妈妈那儿，直到我学会成为一个女人，而不再是个骄纵的小孩子。

妻子在一生中慷慨地奉献给丈夫的爱情，难道丈夫不知道感谢吗？我敢打赌丈夫会感谢的！我就看过一个十全十美的妻子，她得到了丈夫的敬爱。

现在，我的桌上就有一封信，是华伟克·C. 安格斯寄来的。安格斯先生在信中说："很可能因为我娶了这个女孩子，所以我才比大部分的男人更加幸福。我所能给她的最大赞赏，就是对她说，如果我还能够回到三十二年前，而且了解我现在了解的事情，我仍然愿意再和她结婚——只要她愿意再嫁给我！我所获得的任何成功，都归功于这位可爱的妻子。"

如果没有爱情，成功又有什么意思呢？缺乏爱情，财富和权势也就等于废物和灰烬。如果你的丈夫从你深挚的爱情里得到了幸福和安心，那么，他带给你更高的生活水准的机会也会大大地增加。

给你的婚姻保鲜

当你的婚姻生活出现问题的时候，你是怒火难耐、大吵大闹，还是平心静气地问自己："婚姻为什么会出问题？"

·对付婚姻问题的天分

在1933年6月份出版的一期《美国》杂志中，刊登了埃麦特·克鲁齐尔的一篇文章《为什么婚姻会出问题》。下面的这些内容是从这篇文章中转载来的，或许你会觉得这些问题很值得回答。如果你对某个问题做出肯定的回答，就可以给自己打10分。

关于丈夫的问题：

1. 你是不是还在"追求"你的妻子？例如，偶尔送她一束鲜花，庆贺她的生日或你们的结婚纪念日？献给她出乎她意料的殷勤，以及给她本来没有预料到的关心和体贴？

2. 你是否注意从来不在别人面前批评她？

3. 除了家庭开支以外，你是否还给她一些钱，让她随意使用？

4. 你是否尽力去了解她各种女性方面的情绪问题，并帮助她度过疲乏、紧张和不安的时期？

5．你是否至少有一半的休闲时间与你妻子共处？

6．除非可以显示她的长处，你是否能够巧妙地避免将你妻子的烹饪手艺或理家本领和你的母亲或者其他人的妻子相比较？

7．你是否对她的学习生活、她的社交、她所读的书和她对公共问题的看法也有一定的兴趣？

8．你是否会让她和别的男人跳舞，并接受他们的殷勤照顾，而你却不说嫉妒的话？

9．你是否经常找机会赞美她，并表示你对他的赞赏？

10．你是否感激她为你做的各种小事，如钉纽扣、补袜子，以及送你的衣服去洗，等等？

关于妻子的问题：

1．你是否让你丈夫完全自由地处理公务，并且绝不批评他的同事，不干涉他选择秘书，或让他有自己的时间？

2．你是否尽力使你的家庭有吸引力？

3．你是否总是改变饭菜的花样，使他坐到饭桌前时还不清楚会吃什么？

4．你是否对丈夫的事业有一定的了解，并能和他进行有益的探讨？

5．当你经济困难的时候，你是否能不批评你的丈夫，或将他和其他更成功的人进行不利于他的比较？

6．你是否特别努力地和丈夫的母亲或其他亲属和睦相处？

7．你购买衣服时，是否注意你丈夫对颜色及款式的喜好？

8．为了家庭和睦，你是否会改变一些自己的意见？

9. 你是否尽量学习丈夫所喜欢的东西，以便和他一起度过休闲的时间？

10. 你是否阅读最新的新闻、书籍，或了解最新的技术，以使自己能在智力、知识等方面配得上你的丈夫？

·给你爱的人一点儿氧气

“我们的一生，会做出许多愚蠢的事，”英国著名首相狄斯雷利说，“但我从来没有想过为爱情而结婚。”

狄斯雷利确实没有为爱情而结婚。35 岁以前，他一直过着单身汉的生活，然后才向一位有钱的寡妇求婚。这位寡妇竟比他大十五岁，已经年过半百，而且头发苍白。他娶她是出于爱情吗？才不是呢。她知道他并不爱她，而且也知道他是为了她的财产而娶她的。因此，她只有一个要求，那就是让他再等一年，以便她有机会研究他的人品。一年之后，她嫁给了他。

这故事听起来很俗气，特别商业化，是不是？但令人奇怪的是，在所有支离破碎的、充满了污浊气的婚姻之中，狄斯雷利的婚姻却是最富有生机的成功典范之一。

狄斯雷利所选择的这位有钱寡妇，既不年轻，也不漂亮，更不聪明，甚至离聪明还相差甚远。她的谈话常常错误百出，显示了她在文学和历史知识方面的贫乏，以致成为笑柄。例如，她“从来都不知道历史上是先有希腊人，还是先有罗马人”。她对服饰的审美十分古怪，她对家庭装饰的偏好，也让人难以恭维。但是，在如何处理婚姻生活中最重要的事情方面——如何对待男人——她却是一个天才，一个真正的天才。

她并不想在智慧方面和狄斯雷利一较高低。当狄斯雷利和那些机智百出的女公爵周旋了一个下午，精疲力竭地回到家中以后，他的妻子玛丽说的那些家常话却能让他轻松愉快。家变成了狄斯雷利求得心神安宁、不需要斗智斗勇的地方，而且他还可以沐浴在妻子玛丽宠爱的温暖之中。他越来越喜欢这个家了。和年长于他的妻子在家中共同相处的时间，成了狄斯雷利最快乐的时光。她是他的伴侣，是他的亲信，是他的顾问。每天晚上，他从众议院匆匆忙忙地赶回家之后，就会把这一天的新闻告诉她。而且最重要的是，不论他做什么事情，玛丽都相信他不会失败。

在三十年的时光中，玛丽只是为了狄斯雷利一个人而生活。甚至她所有的财产，也只是因为能让他生活得更加舒适而变得有价值。但是她所得到的回报呢？她成了他的女神。要知道，在玛丽去世后，狄斯雷利才受封为伯爵；而当狄斯雷利还没有受封，只是一个平民的时候，他就请求英国女王维多利亚晋封玛丽为贵族。由此之故，玛丽在 1868 年被女王封为比肯菲尔德女子爵。

尽管玛丽在公共场合中显得既愚蠢又笨拙，而且注意力不集中，但狄斯雷利从来都不批评她。他从未说过一句责怪她的话，如果有人敢讥笑她的话，他会立即站出来，激烈而忠诚地为她辩护。

玛丽并非十全十美，但是三十年来，她总是不知疲倦地谈论她的丈夫，赞赏他，夸奖他。结果怎样呢？“我们结婚三十年，”狄斯雷利说，“但是她从来都没有让我感到厌烦过。”（有的人因为玛丽不懂历史，于是认为她必定愚笨得使人厌烦。）

就狄斯雷利个人而言，他经常说玛丽是他一生中最重要的人。结果如何呢？“我很感谢他对我的宠爱，”玛丽经常对他和他的朋友们说，“他使我的生活成了一幕永远都不会结束的快乐喜剧。”

他们夫妇之间经常会开一个小玩笑。“你是知道的，”狄斯雷利说，“不论如何，我之所以与你结婚，只是为了你的金钱。”玛丽则会笑着回敬道：“确实不错。但如果你必须再从头开始的话，你就会因为爱情而和我结婚的，是不是？”

而狄斯雷利对她所说的也明确承认。

玛丽并不是个十全十美的女人，但狄斯雷利非常聪明，他让她随心所欲地做她想做的事情。

正如亨利·詹姆斯所说过的：“和别人相处，所要学习的第一课，就是不要干涉别人寻找快乐的特殊方式，如果这些方式并没有对我们产生强大的妨碍的话。”

或者像里兰·法斯特·伍德在他的《在家庭中共同成长》一书中所说的：“若想婚姻成功，绝不只是找到一个好的配偶，你自己也要成为一个好的配偶。”

· 不要做无谓的批评

在国家公务生活中，狄斯雷利最强有力的对手是格雷斯顿。他们两个人对于英国的每一件事情都有可能出现争辩，发生激烈的冲突。但是，他们有一个共同点，就是他们的私人生活都充满了幸福和快乐。

格雷斯顿和他的妻子共同生活了五十九年，差不多有六十年时间，而且他们一直都互敬互爱。格雷斯顿在公开场合中是一位可敬可畏的人物，他在家里却永远都不批评别人。例如，当他到楼下吃早饭，而全家人却还在睡懒觉时，他就会以温和的方式来表达他的不满。他会提高声音，唱一首不知道名字的歌曲，使整个房屋都充满了神秘的歌声，以此来提醒他的家人：全英国最忙的人，独自在楼下等着吃早餐。他总是保持外交家的风度，能够体谅别人，并竭力自我克制，不在家里批评任何人和事。

俄国女皇叶卡捷琳娜二世也经常如此。叶卡捷特琳娜曾统治着历史上最大的帝国之一，掌握了千百万臣子百姓的生杀大权。就政治而言，她是一个暴君，发动过毫无意义的战争，对她的仇敌判处死刑。但是，如果她的厨师把肉给烤焦了，她却什么也不说，而是微笑着吃下去。她这种宽容大度的做法，对一般的丈夫来说，都值得好好学习。

关于婚姻不幸的原因，美国第一权威专家迪克斯认为，在所有婚姻中，有 50%以上是不幸福的，许多充满浪漫色彩的梦想之所以破灭，其原因之一就是那些毫无用处的却令人心碎的批评。

不要过分执着于丈夫的缺点，如果省察自身，安心修行，你会逐渐领悟到丈夫的优点——他已经将所有心思都放在妻子和子女身上了。你应该学会接受自己的丈夫，学会珍惜你的人生。如果你能够积极正面地看待丈夫的生活习惯，你就会变得更加健康，心情会更加轻松，这样丈夫也不会有太多负担，反而可以变得越来越优秀。

• 让家中充满快乐

“大多数男子在寻找对象的时候，”洛杉矶家庭关系研究所所长保罗·鲍比罗说，“不是找一位能干的高级职员，而是想找一位既迷人又可以满足他的虚荣心，并使他感觉超人一等的人。所以，某位公司或机构的女主管可能会有人来邀请她吃饭，但也只有一次。因为她很可能会把她在大学所学的“现代哲学主要思潮”拿出来作为话题，甚至还要坚持付自己那份餐费。可是结果呢？从此以后，她就只能一个人吃饭了。相反，那些没有上过大学的打字员小姐却大不相同。当她被人邀请共进午餐的时候，她会用热情的眼光注视着她身边的男子，话语中带着无限深情：‘能不能把你的情况多告诉我一些？’结果这个男人会告诉别人：‘她并不是很漂亮，但我从来都没有遇到比她更会说话的人。’”

对于女性在追求美丽方面所花的时间和心思，男人应该表示赞赏。所有的男人常常会忘记——尽管他们也知道这点——女人非常在意自己的衣着打扮。例如，一个男人和一个女人在大街上遇到另一个男人和一个女人时，这个女人很少会注意对面那个男人，而是通常会注意另一个女人的衣着服饰。

几年前，我的祖母在 98 岁高龄时离开了人世。在她去世前一段日子里，有一天，我们把一张她在 19 世纪所照的照片给她看。尽管她的眼神已经不太好，看不清楚照片，但她问的唯一的问题是：“我那时候穿的什么衣服？”请想想！一位风烛残年的老太太，久病在床，年事已高，近一个世纪的时光将她的一切精力几乎耗尽，记忆力甚至衰退到连自己的女儿也认不出来，可是还想知道她在三十多年前穿的是什么衣服！她问这个问题的时候，我正好在她的病榻旁边。这件事给我留下了深刻的印象。

这本书的男性读者，不会记得他在五年前穿的是什么衣服，而且他们也根本没有心思去记住这些事。但是对女人来说，可就不同了——我们男人应该注意到这一点。在法国，上层社会的男人在这方面就做得很好，他们不但对女人的衣服帽子表示赞美，而且一个晚上还不止一次，而是好多次。五千万的法国男人都在这么做，其中自有道理。

在我的剪报中，有一篇故事。尽管我知道这件事从来都没有发生过，但它说明了一个道理，因此我想把它再重复一次：

一个农村妇女，有一次在干了一天辛苦的工作之后，在男人们面前放了一大堆草。当这些男人生气地问她是否发疯时，她回答说："哼！我怎么知道你们会注意到吃的是什么？我为你们这些男人做了二十年的饭，可我从来都没有听到你们说过一句话，好让我知道你们吃的不是草。"

从前，莫斯科和圣彼得堡那些养尊处优的上层人物，在这方面很有教养。在沙皇时代，上层社会有一种习惯，就是当他们享受了一顿美味佳肴之后，一定会请来厨师，当面褒奖他们。

为什么不这样对待你的妻子呢？下次，当她的鸡排做得非常脆嫩可口时，你就要这样告诉她，让她知道你非常欣赏她的手艺——你不是在吃草。或者，正如得克萨斯·吉恩经常说的："大大地夸奖那个小女人。"

如果你想这样做的话，就不妨让她知道，她对于你的幸福和快乐是何等重要。狄斯雷利是英国最伟大的政治家，但是正如刚才我所介绍的，即使面对全世界的人，他也会毫不害羞地承认“非常感激那位小女人”。

有一天，我在看一本杂志时，看到一段采访艾迪·康德的文字：

“我从我妻子那里得到了许多帮助，比从世界上其他任何人那里得到的都要多。在我年轻的时候，她是我最好的朋友，帮助我向前努力进取。我们结婚之后，她省下每一美元，拿去投资、再投资。她为我积累了一大笔资产。我们有五个可爱的孩子，她为我建造了一个温暖舒适的家。假如说我有所成就的话，全都归功于她。”

在好莱坞，婚姻就是一件冒险的事，即使伦敦的路易保险公司也不敢承接其保险。但是华纳·巴斯特的婚姻，却是少数几桩特别幸福的婚姻中的一桩。巴斯特夫人婚前的名字是威尼费·布莱逊，她放弃了正大红大紫的表演艺术生涯，和巴斯特结了婚。但是，她从来不以她的这种牺牲来破坏他们的婚姻幸福。“她失去了在舞台上成功表演的机会，”华纳·巴斯特说，“但我已经尽了自己最大的努力，使她知道我对她的赞赏，并由此得到满足。如果一个女人要从她丈夫那里得到幸福和快乐，那一定要出自他的真心赞赏和真诚热爱。如果这种赞赏和热爱都是发自内心的，那么他也会从中得到爱与幸福。”

明白了吗？

• 用心书写夫妻经

婚姻是一种力量，是两颗真正相爱的心的凝聚，只有心往一处想，力往一处使，才会得到意想不到的礼物；婚姻是心灵的契合，夫妻之间只有互相理解、宽容、尊重、信任，随时进行心灵的沟通，才能使婚姻保持新鲜、完美。

瓦特·丹鲁什和詹姆斯·布雷恩的女儿结了婚。布雷恩是美国最伟大的演说家之一，曾经是美国总统候选人。自从丹鲁什和他的妻子多年前在苏格兰的安德鲁·卡耐基家中相识之后，这对夫妇就过着非常幸福美满的生活。

他们的秘诀是什么呢？

"除了谨慎地挑选伴侣之外，"丹鲁什夫人说，"我认为婚后的殷勤有礼是最重要的。希望那些年轻的妻子对待她的丈夫，就像对待陌生人那样有礼。如果泼辣蛮横，任何男人都会被吓跑。"

蛮不讲理是腐蚀爱情的毒瘤。每个人都知道这一点，但是我们对待自己的亲人，有时的确比不上对待陌生人那样有礼貌。

我们绝对不会去打断某个陌生人的话，说："天啊，你又搬出你那些陈芝麻烂谷子的事来了！"如果没有得到允许，我们绝不会拆开朋友的信，或者打听他们的私人之事。但是我们却敢羞辱责怪自己家里的人，也就是我们最亲近的人，即使他们只是犯了小错。

让我们再次引用迪克斯的话："非常令人吃惊，却又千真万确的一件事就是，唯一对我们说出那些刻薄难听的、带有侮辱性的话的人，正是我们自己家中的人。”

“礼貌，”亨利·克雷·莱森纳说，“是一种内在的品质。它可以弥补服饰和外表的缺陷，使那些比你优越的人也不敢小瞧你。”

对于婚姻，殷勤有礼就像机油对于发动机一样重要。

奥利弗·温德尔·霍尔姆斯写了广受读者喜爱的《早餐桌上的独裁者》一书，但是他在自己家里绝不是这样的。事实上，他非常体贴别人，即使他的心情郁闷，他也总是尽量掩藏，不让他的家人知道。他自己不但要忍受这些困扰，还不想让这种事影响到其他家庭成员，这可真够让他难受的。

这是霍尔姆斯的做法。但是一般的人又是怎样做的呢？在办公室出了点儿差错，做丢了一笔业务，被上司责骂了一顿，累得头昏脑涨，或者错过了火车——几乎还没回到家，他就想着如何把气出到家人头上了。

在荷兰，进入屋子之前要先把鞋子脱在门外。我们应该向荷兰人学习，在进家门之前，把一天的工作烦恼甩在门外。

威廉·詹姆斯曾写过一篇《人类的某种盲目》的文章，很值得去图书馆借来读读。“这篇文章所要讨论的人类的盲目，”他写道，“就是不知道动物和人的感情区别何在。这种盲目使我们大家都深受其苦。”

的确，“这种盲目使我们大家都深受其苦”。许多男人绝不会对自己的顾客或业务合伙人大声说着尖锐刺耳的话，他们却习惯对自己的妻子大声怒吼。然而，就个人的幸福快乐而言，婚姻比事业更重要，也更切身。

普通人如果有幸福快乐的婚姻，就会比独身幽居的天才生活得更加愉快。俄国伟大的小说家屠格涅夫广受赞誉，他也认为："如果什么地方有个女人关心我回家吃晚饭晚不晚的话，那我情愿放弃我所有的天才和我所有的著作。"

婚姻幸福快乐的概率究竟有多少？如前面已经提到过的，迪克斯认为有 50%以上的婚姻都是不成功的，但保罗·鲍比诺博士却持相反的观点。他认为："男人在婚姻上得到成功的机会，远远大于他在任何行业中获得成功的机会。所有从事食品杂货买卖的男人，70%的都会失败；而所有步入婚姻礼堂的男人和女人，有 70%的会得到成功。"

对于这件事，迪克斯是这样解释的：

"和婚姻相比，出生只不过是人生当中的一小幕，死亡也不过是小事一桩。

"女人永远都弄不明白，为什么男人不愿花同样的时间和精力，把他的家庭营造成为一个幸福的乐园，就如同他在事业上的成功那样。

"对男人来说，虽然有一个令人满意的妻子和一个幸福美满的家庭比赚到 100 万美元都重要，可是在一百个男人中却找不出一个曾认真地想过或真诚地努力使他的婚姻更加成功的人来。他把自己一生中最重要的事情交给了命运，使他的成败只能听天由命。女人也永远弄不明白，为什么她们的丈夫不用温和的态度来对待她们，以平息本来可以平息的冲突和矛盾。

"每个男人都知道，只要让他的妻子感到高兴，就可以让她去干任何事情，而且是不顾一切地去做好。他也知道，如果随便夸她几句，说她把家中治理得井井有条，她帮了他的大忙却没有让他花一分钱，那她也会为了他而心甘情愿地掏出她最后一分钱。每个男人都知道，如果他告诉妻子，说她穿上去年那件衣服是多么美丽可爱，那么她会放弃购买从巴黎进口的高档服装。每个男人也都知道，他可以用亲吻使妻子的眼睛闭起来，一直亲到她像蝙蝠那样看不见事物而温柔地依从于他；他只要在她嘴唇上热情地亲吻一下，她就会立即不再说一个字。

“每一个妻子都知道她丈夫也明白这些，因为她早就将这些明明白白地告诉了他，告诉他该如何对待她。但是她的丈夫情愿和她争吵拌嘴，去吃那难以下咽的饭菜，或者把钱花在为她购买新衣服、汽车、珠宝上，却不愿意夸奖她几句，不愿以她所希望的方式来满足她。对此，她不知是该喜欢他，还是该讨厌他。”

·让性爱富有活力

社会卫生局总干事凯瑟琳·戴维斯博士有一次曾说服一千位已婚妇女，请她们毫不隐讳地回答一些个人隐私的问题。结果令人非常吃惊——它揭示了一般美国成年人在性生活方面令人难以置信的奇怪现象，那就是大多数成年人的性生活并不愉快。

戴维斯博士仔细阅读了这一千位已婚妇女的回信之后，她立刻将自己的观点予以公布——她认为美国离婚的主要原因之一，就是在性生活方面的不和谐。

乔治·汉密尔顿博士的调查研究也证实了这一发现。汉密尔顿博士花了四年时间，研究了一百个男人和一百个女人的婚姻生活。他曾和这些男女做了单独的谈话，问了四百个关于他们婚姻生活方面的问题，并对这些问题进行了详细的研究——其彻底的程度，使这项工作持续了四年的时间。由于这项工作在社会学方面具有重要价值，因此有许多著名的慈善家都出钱赞助了这一实验研究。如果想知道这项实验的结果，不妨去看汉密尔顿博士和麦克格温合著的《婚姻的症结在哪里》这本书。

那么，究竟婚姻的症结在哪里呢？“只有那些极端偏执或非常莽撞的精神病医生，”汉密尔顿博士说，“才会说婚姻生活的大部分摩擦不是由性生活的不和谐引起的。不论什么情况下，如果性生活本身很令人满意，那么许多由其他因素导致的冲突将会迎刃而解。”

洛杉矶家庭关系研究所所长保罗·鲍比罗曾分析过几个婚姻纠纷官司，他是美国家庭生活方面最权威的研究专家。根据他的观点，婚姻的失败常常是由四种因素导致的。他将这些因素排列如下：

1．性生活不和谐。

2．对“空闲时该去哪里”这类问题存在分歧。

3．经济拮据。

4．心理、生理或情绪上的反常现象。

请注意，性生活在这里居第一位。非常令人意想不到的是，经济因素只排在第三位。

所有研究离婚案件的专家都一致认为，夫妇之间在性生活上的相互配合绝对必要。例如，辛辛那提家庭关系法院的哈夫曼法官——他是一位听说过几千个家庭悲剧的人——宣称：“离婚的原因，十之八九是因为性生活上的不协调。”

著名心理学专家约翰·华生曾说：“性，被认为是生活中最重要的事情，而且也被认为是导致大部分男女婚姻失败的原因。”

我还听过许多开业医生在我班上所做的演讲，他们说的和上面几个人的观点几乎差不多。那么，在20世纪，我们有这么多的书和教育，却因为对这种原始的、最自然的本能缺乏了解，从而导致婚姻遭受失败，这难道不是可悲之事吗？

奥利弗·布特费尔博士在担任了美以美教会十八年的牧师之后，放弃了他的传教事业，而去纽约市担任家庭指导服务中心的主任。他的婚姻也许会比许多年轻人的年龄还大，他说：

“根据我早年担任牧师的经验，我发现许多人虽然有着美好的罗曼史和对美好生活的向往，但是他们走进婚姻的殿堂时，却仍然是‘婚姻的无知者’。”

婚姻的无知者！

他又说道：“当你想到我们许多人对婚姻生活中的一些不协调现象只是听天由命，而离婚率竟只有16%时，你或许会认为这是个奇迹！其实，许多丈夫和妻子并没有真正地结婚，他们只不过没有离婚而已。他们几乎过着地狱般的生活。”

“婚姻的幸福和快乐，”布特费尔博士说，“很少是靠机遇获得的，它们是靠人营造出来的，而且还要有理智的、审慎的计划。”

为了帮助人们制订这种计划，布特费尔博士多年来都坚持做这件事——凡是在他主持的任何一对新人的婚礼上，他一定要求双方坦诚地和他谈谈他们未来的计划。正是从这些谈话中，他得出了结论：许多关系密切、急于结婚的人，其实是“婚姻的无知者”。

“性，”布特费尔博士说，“只是婚姻生活中需要满足的诸多事情中的一种，但只有把这层关系理顺了，其他方面才会顺利。”

但如何才能做好呢？

“不能因为情面而不好意思说，”我还得引用布特费尔博士的话来说这个问题，“必须进行改变，客观地讨论婚姻生活，并能够以超然的态度来对待婚姻。要获得这种能力，除了看一本内容丰富的好书之外，别无良方。除了我自己写的《婚姻与性的和谐》这本小册子之外，我手边还备有几本这方面的书。

“在所有这类书中，我认为有三本最适合一般人阅读：伊沙贝尔·赫顿写的《婚姻中的性技巧》，爱克纳写的《婚姻中的性生活》，以及伊斯纳德写的《婚姻中的性因素》。”

第六章

持家有道，

做优雅女主人

好女人，善理财

一个女人如果没有计划地花钱，那么每个人——例如肉贩、成衣商、家具店店员——都可以分享你的家庭财富。

对于金钱，一种易赚易花、毫不看重的乐天派哲学观点，曾经在书本上和戏院里带给了我们许多有趣的笑料。我们也都会取笑那位老绅士——在《你无法把钱带在身边》中，他绝不认同所谓的所得税，而且拒绝缴付所得税。当大卫·科波菲尔想让他的年轻新娘朵拉按照收入预计开销的时候，朵拉就噘起嘴撒娇——她是个可爱动人的角色。我们也喜爱著名的《与父亲一起生活》所描写的母亲节，母亲每个月把家庭预算弄得一团糟，而父亲在母亲节那天表现了良好的风度。狄更斯笔下的浪费大王麦考伯先生，也是文学上最讨人喜爱的角色之一。

的，在小说里，外表迷人和不负责任常常是一个吸引人的角色身上[illegible]种表现。但是，在现实生活中，没有事情会比财务上的失误更[illegible]他是个糟糕[illegible]或讨厌了。开销大于收入的人无法令人发笑——人的——她只是[illegible]头脑糊涂、奢侈浪费的妻子，也不会是迷[illegible]

现在，我们的[illegible]的重担。[illegible]西，比起十年前或是五年前都要少得多了。女士们面对[illegible]挑战，必须好好利用那些钱。

价格上涨了——生活水准提高——孩子所需要的教育费用也变得更加复杂和昂贵。

大家认为，只要我们的收入增加一些，我们所有的担心就都可以解决了，这是一个普遍的错误观点。专家们说事情并不是这样。艾尔西·史泰普来顿曾经担任华纳莫克和吉姆贝尔百货公司的财务顾问。他认为，对大多数人来说，增加收入只不过是造成花费的增加而已。

加拿大的蒙特利尔银行奉劝顾客，要精明地消费他们的收入——也许他们会有处理一大笔收入的机会。

当我写本书的时候，无意中找到一本有关家庭关系的好书。写这本书的人是个知名的心理学家。可是，这位作者有个很大的缺点：他对于家庭预算似乎不是内行。“处理家庭的收入是个很简单的问题，”他写道，“有钱的时候就多花一点，没有钱的时候就少花一些。”

他的理论的确很简单，但是这种做法等于没有处理家庭的收入。在他的话里，有一种毫不在乎的意味，使我们想起小说里那些迷人的放任自流的人物——等到我们过后静下心来想他话里的含义时，才发觉有点儿不对劲。

毫无计划地花费，意思是说每一个人——包括肉贩、面包商和烛台制造商——都可以分走你的收入，除了你本人以外的每个人。

有计划的或有预算的花费，可以保证你和你的家人能够从收入里得到公平的分享。

预算并不是一件束缚手脚的衣服，也不是毫无目的地把花掉的每一分钱都做个记录。预算是一幅蓝图、一个经过计划的消费，可以帮助你从收入中得到更大的益处。正确的预算方式，将会告诉你如何完成目标——你的家庭目标，孩子们的教育费用，你的老年保险金，你梦想的假期。

预算开销计划将会告诉你，你可以删减那些相比而言不重要的项目，去填补你想要的花费较大的项目。

如果你从没有做过开销预算，你就应该开始学习如何处理家庭财产。帮助丈夫成功的一种最重要方法，就是知道如何使他的收入得到最大程度的利用。如果他只会赚钱但不会节省，你就可以帮助他管紧一些钱包。如果他本来就很节省，你可以在用钱方面表现出与他相同的看法，为他增加信心。

如何才能使你成为家庭财产的管理专家？这里提供一个好消息：你家附近的银行可能有一种关于预算的咨询服务，他们将会告诉你如何做好预算，以适应你特殊的需要。这种服务一般都是免费的。

《妇女时代》杂志对于家庭的经济知识的宣传，是一种很好的普及方式。它将会告诉你如何缝补旧衣服，如何烹煮有营养而价格便宜的餐点，甚至还会告诉你如何制造家具。

不要依赖你无意中发现的，或者是一种已经印好的预算计划表。为了使效果更好，预算计划必须是专门为你而定做的，它不适合于其他任何人。因为没有任何一个家庭的经济情况是完全相同的。你的经济问题就像你的面孔和身材一样，是与别人完全不同而独特的。

以下一些建议，可以帮助你完成你的家庭预算计划：

·当好家庭的 CEO

除非我们知道错误的开销在哪里，否则我们就无法予以改进。如果我们不知道从何处删减，为什么要予以删减，以及删减什么，那么节约就是毫无意义的。所以，我们应该在一段时期内，记录下所有的家庭开销，例如，试着记录三个月。亚尔诺德·白尼特和约翰·D. 洛克菲勒都是坚定的记账专家。我也是如此。虽然我都以开支票的方式付款，但我仍然喜欢每月把我的花费记录下来，形成一张整齐的单子。每年一次，我把这些每月的花费加起来。结果呢？我能够很精确地告诉你，在某年我们在食物方面花了多少钱，以及燃料费、水电费、娱乐费各是多少，等等。我还可以通过这些记录，查出我的生活费用增加的情形。当你知道你的钱花到哪里去之后，就不必再做这种记录了。但是，我仍很喜欢手边有这种资料。例如，如果我怀疑我花太多的钱买衣服了，我只要瞥一眼我的记录就知道了。

我认识一对夫妻，当他们开始记录家庭花费情形以后，很惊讶地发现他们每个月花掉了近 70 美元去买酒！然而，他们并不是酒鬼，他们只不过是一对热情的夫妇，欢迎他们的朋友在兴致高的时候“到他们家里喝一杯”——这种事情时常发生。于是他们做了一个明智的决定，认为他们不能再开免费酒吧了，于是这部分钱就有了更好的用途。

·你不理财，财不理你

首先，把你这一年里固定的开销列出来，例如房租、食物预算、利息、水电费、保险金。然后计划其他的必要开销，如衣服、医药费、教育费、交通费、交际费等。

每个人都知道，这是一件不容易的事情。制订计划需要决心，家庭合作有时候还需要严谨的自制力。我们不可能买下所有的东西，但是我们可以决定什么东西对我们最重要，从而放弃最不重要的东西。你愿意拥有一个舒适而温馨的家而放弃买昂贵的衣服吗？你会选择自己做衣服，将节省下来的钱买电视机吗？显然，这些决定必须由你和你的家人来做——印制好的预算表都列上了固定的数额，对你个人的需要来说，是没有帮助的。

·钱是“合理支配”出来的

确定你自己和你的家庭一个固定的开销。至少要把十分之一的收入储蓄起来，或者拿去投资。也许你还可以想办法设立一笔额外的资金，拿来做特殊用途，譬如买房子或汽车。

理财专家说过，如果你能节省出你丈夫收入的十分之一，虽然物价不断地上涨，不到几年你也就可以获得经济上的宽裕。

我认识一位女性，她嫁给一个新英格兰人，但他有些顽固而保守。她的丈夫宁可在中央车站广场脱光了衣服，也不愿放弃节省十分之一薪水的理财计划。这位太太告诉我，在经济不景气的那几年，他们可真吃足了苦头，她先生的薪水被减得太多了。当她买日用品的时候，必须想尽办法节省下每一毛钱——她丈夫每天要步行二十多条街，以便省下公共汽车费。之后，这个节省十分之一薪水的老习惯，仍然照样进行。

“有时候，”这位太太承认，“当我们非常需要钱的时候，我还要坚定地把钱存起来放在一边。但是，我现在很高兴我们坚持了储蓄计划。节约的结果，使我们到中年的时候拥有了自己幸福的家和一些应有的享受。”

·准备一笔账外或紧急用途的资金

大部分的财政预算专家都会劝告每一个年轻家庭，至少要存下一到三个月的收入，用于应付紧急事件。

但是这些专家也警告说，想要存很多钱的人，会发觉这很难办到，结果根本就存不了钱。与其要断断续续地隔几周才存5美元，倒不如每周固定地存下2美元，这样效果会更好。

预算专家们认为预算计划必须得到全家人的配合。经常举行家庭预算讨论会，往往可以减除一些情绪上的不吻合——因为我们大家对于金钱的态度，与自己的经验、气质、受教育程度有很大关系。

·靠工作，也要靠保单

玛莉昂·史蒂芬斯·艾巴利是人寿保险协会妇女部的主任。对所有的女士来说，她所说的话就代表了人寿保险专家的看法，具有相当的权威性。当我访问艾巴利女士的时候，她建议一个做妻子的人应该自问以下一些问题：

你知道通过人寿保险，你的家庭能够得到哪些基本需要吗？你知道一次性付款和分期付款有什么不同且各有什么好处吗？你知道关于付款的方法有许多不同的选择吗？你知道现代人寿保险的双重目的吗？如果一个家庭中的男人太早去世了，人寿保险就可以保护好这个家庭，如果他活着要享受天年，那么人寿保险就可以给他一份独立的基金。

这些问题和其他许多相似的问题，对你的家庭来说都是非常重要的。如果只有你的丈夫知道所有的保险事项，这还不够，你也应该知道这些事项。也许有一天你变成了寡妇——那么有关人寿保险的知识，就可以解除你的困难和忧虑。

《人寿保险须知》是一本非常精致的小册子，它可以帮助你解决家庭里的保险问题。

贾德生和玛丽·南狄斯在他们合写的《建立成功的婚姻》一书中告诉我们，家庭收入的花费问题，往往是婚姻生活里必须调节和适应的主要方面。

金钱并非是万能的，这句话的确不错。但是，如果知道如何明智地处理我们的金钱，就可以给我们的丈夫和家庭带来更多的安宁、幸福与利益。

所以，我们不必去幻想着自己的丈夫能够像我们本来想嫁，但是后来没嫁成的那个男人那样，能带回来一大笔薪水，这只会浪费我们的时间，损耗我们的青春。我们的工作就是要使自己变成理财能手，好好处理他赚回来的钱——如果我们想要激励他赚更多的钱的话。

如何做呢？只要依照以下的规则去做：

1．记录每一次开销，使你了解花费的整体情形。

2．以一年为单位，设计出一个预算计划。

3．储蓄所有家庭收入的十分之一。

4．准备一笔应对意外事件的资金。

5．使制订预算计划成为全家人的事情。

6．考虑人寿保险的问题。

把好丈夫身体的“脉”

当你为丈夫准备一桌营养丰富的菜肴时，他无法说“不”。就连亚当也会辩解：“她诱惑我，所以我就只好吃了。”

你想知道自己是如何谋杀丈夫而且不露痕迹吗？只要不断给他吃一些油腻多糖和富含淀粉的食物，使他超重至少 15%~25% 就可以了。然后，你就可以坐下来想象一下，你将做个多么迷人的寡妇——因为这种事已经离现实不远了。

根据专家的介绍，在 50 岁出头便去世的男人要比女人多 70%~80%。

更糟的是，专家们认为这主要是我们的错误造成的。

请听人寿保险公司路易斯·艾·杜布林博士的介绍。刊登在《人生生活》的一篇名为《停止谋杀你丈夫》的文章里，杜布林博士说：“四十年以来，我一直在一家人寿保险公司担任工作统计，所得到的结论是：许多男人在保险的年限还没到时就死了。如果他们的妻子能够更加精心地尽到自己的职责，照料她们的丈夫，这些男人也许就会被救回来了。”

杜布林博士曾经研究过超重和死亡率之间的关系，在这个问题上，他是全国最有发言权的人士之一。

赫尔伯特·柏拉克是纽约市西奈山医院新陈代谢疾病的一名医

生。在《现代妇女》刊载的他的一篇《为什么丈夫们死得这么早？》的文章里，柏拉克医生告诉我们："你想要保持丈夫的健康，而且确实能延长他的生命……现在，你已经掌握了这种能力，可以用它来延长你丈夫的生命。"

如果你的丈夫超重，那么许多生活在半饥饿状态的苦力劳工，都会比你的丈夫活得更久。在俄亥俄州克里夫兰最近召开的一次医学会里，《减肥与保持身材》的作者诺曼·乔利菲博士，把肥胖称为"美国公共卫生中最大的一个问题"。

美国科学促进协会在圣路易召开的一次会议里，一位来自克莱顿大学的医生说："虽然有战争的发生，但是死于餐桌刀叉下的白人，比死于枪剑下的白人还要多。"

不可否认，我们对于丈夫腰围的增大是该负责任的。一个男人所吃的东西，就是他太太摆在他面前的食物。往往妻子的菜肴煮得愈可口，丈夫的腰围就变得愈大。当我们端出那些精心制作的甜点，不断地给他吃一些核桃饼和丝绒蛋糕的时候，如果他说"不"，那么他就太不领情了。甚至亚当也曾为自己辩解说："这个女人诱惑我，所以我就只好吃了。"

大多数男人在年龄增加以后，体力活动都会减少，因此他们所需要的食物就更少了，但是，他们往往吃得更多。提早养成一个良好的饮食习惯，这是我们的职责，如果我们想保持丈夫的健康的话。

此时，热量低而能产生高能量的食物，就是我们最好的选择。如果你不知道的话，就去请教医生。他也会很乐意告诉你，应该如何安排你丈夫的饮食，使他的体重逐渐下降，而且精力保持充沛。

F. 尤吉尼亚·怀特海德博士是面粉协会的营养专家。她认为，减肥的最好方法就是不要吃脂肪太多的食物。她还提醒我们，每一餐中都要有含动物性和植物性蛋白质的食物。注意你丈夫在家吃饭的情况，不要给他制造慌忙和紧张的气氛。不要闹钟一响就爬起来，一边下楼一边吃着早餐，公事包一夹就冲出门去，这样同样会造成饮食问题。可叹的是太多的家庭都有相同的晨间冲刺。

巴尔的摩神经精神学院的精神科主任罗勃特·V. 沙利格博士警告我们说："早餐时狼吞虎咽，冲出门去赶 7 点 58 分的专车，然后开始工作；中午在杂货店吃上十五分钟的快餐，或者是一边开业务会议一边吃着午餐。这样的情形，对于生活在当代的许多男人来说，真是太普遍了。"

如果有需要的话，你应该早一点儿起床，至少也要让你丈夫吃上一顿不慌不忙的营养早餐。

我有个朋友把这个想法付诸实现，结果她发觉，情况令人很满意。她就是克拉克·布里森夫人。她的丈夫在纽约的一家最老的房地产代理商——毕斯和艾利曼公司任财务主任兼副总经理。

布里森先生经常把整个公文包的文件带回家处理。他发觉自己很疲倦了，无法在晚上把这工作处理好。他的妻子就建议他早一点儿睡觉，第二天早晨提前一个钟头起床。他们两个都很喜欢这种安排，所以他们现在每天都这么做，不管布里森先生有没有工作上需要处理的文件。布里森太太说：

"在那多出来的一小时里，是我们每天的享受。我们先吃一顿舒服的、不慌不忙的早餐，没有任何受压迫或匆忙的感觉。然后，如果克拉克有工作要做，他就趁这个时候把它做好。在这段时间里，没有电话或门铃的声音，没有任何的打扰。有时候他只是看看书，放松放松心情，做些家里的琐事或画画。有时我们也会到公园里，享受享受清晨漫步。

“由于我们每天早晨都有了安静舒适的时光，我们两人都觉得，不管这天将会发生什么事情，我们都可以处理得很好。当然，对那些晚睡的人来说，这个方法就行不通了，我们一般都睡得很早。”

如果你也是那种在早上就开始慌忙和紧张的人，那么，为什么不试试这种方法，也许这额外的一小时会对你有好处呢？

如果你希望自己的丈夫更长寿、健康，请你遵守以下原则：

·注意丈夫的体重

请写信给任何一家保险公司，向他们要一张体重和寿命的对照表。然后称一称你丈夫的体重，看看他有没有超重 10%。如果他超重了，请你的医生替他开出减肥食谱。

千万不可以让他自行减肥，或是服用广告上的减肥药。在使用任何减肥方法前，一定要先请示医生。

为了配合医生的处方，尽你所能把给丈夫吃的食物做得美味可口一些。不要总是无可奈何地告诉他，这是为了他的身体好。只要确实做到给丈夫的食物看起来吸引人，那么吃起来也会很可口。

• 坚持让丈夫体检

预防仍然是治疗的最好方法。许多死于心脏病、癌症、肺结核和糖尿病的人，如果他们的病症能够在早期被发现，就完全可能是另一个结果了。

美国糖尿病协会的统计显示，全国的糖尿病患者已有两百万人——至少还有一百万以上的人患有糖尿病，但是他们自己并不知情。许多人很会照顾自己的汽车，却不知道如何照顾好自己的身体。这件事听来很可悲，却是真的。所以，你一定要随时注意你的丈夫，让他接受定期的健康检查。

• 会休息的人才会生活

拥有野心可能会使他事业成功，但是这也很容易使他无法活得很久、享受人生。所以，如果晋升必须让他承受很大的压力、紧张和过度操劳，你就应该下定决心让他放弃晋升的念头。

纽约马白尔协同教会的牧师诺曼·文森·皮尔博士，在印第安纳波里讲演时对一群听众说：“现代美国人，很可能是有史以来最神经质的一代。”

“爱尔兰人的守护神是圣·派翠伊克，”皮尔博士说，“英格兰人的守护神是圣·乔治，而美国人的守护神却是圣·维达斯。美国人的生活太过紧张、太过激动，即使他们在听到以后也不能平静地睡去。”

所以，你应该让你的丈夫少赚一些钱，如果赚大钱的代价是不幸或早逝的话。如果他对自己要求得太严了，你应该鼓励他满足于稍低一层的成就。一个女人的态度，对于丈夫自我的要求，往往具有决定性的影响作用。

・良好的睡眠是关键

抵抗疲劳的秘密，就是要在疲倦以前就好好休息。短暂地放松心情，往往会有惊人的效果。如果你丈夫每天都回家吃午餐，那么在他回去工作以前，应该尽量让他躺下来休息十分钟或十五分钟。

鼓励他在晚餐之前小睡片刻。这可以使他能多活几年。美国军队每行军一小时后，就要强迫士兵们休息十分钟。小说家威廉·萨默赛特·毛姆 70 多岁时，仍然精力充沛地工作。他说他的活力来自每天午餐后的十五分钟小睡。温斯顿·丘吉尔吃过午饭后要在床上休息一两个钟头。朱利安·戴特蒙活到了 80 多岁，还在纽约塔利顿一家全世界最好的苗圃里很活跃地工作。戴特蒙先生每天下午都要睡一段长时间的午觉，他说，午睡使他保持像小提琴那样和谐的生活。

• 使丈夫感受家庭生活的快乐

一个不断唠叨、喜爱抱怨的妻子，对于男人的成功是一种障碍，因为她总是使自己的丈夫伤心，以致没有办法专心于自己的工作。对于丈夫的身体健康，这种妻子也是一个威胁。

一个不快乐的、忧虑的或是容易发怒的男人，很容易“突然间躺下去”——他的内心如此紧张，他的应激反射作用就不能适当地产生。他很可能会被一辆车撞倒，在公路上把自己和旁人撞得粉碎，或者是在工厂里被机器轧伤，如果他做的是机械工作。他也很可能暴饮暴食。康奈尔大学的哈利·古德博士说：“人们在不快乐的时候，或是为了从压抑或紧张之中解脱出来，他们通常会大吃一顿。”

每个人在人生中成功的主要意义，就是要拥有足够的健康去享受人生。然而，不管我们做妻子的喜欢或不喜欢，我们都应该对丈夫的身体健康负责任。“我的生命掌握在你的手中”，也许就是每个已婚男人的主题曲。

善于在琐碎中发现美

一个优秀的家庭主妇，可以帮助丈夫实现他的人生理想，让他获得平静和稳定的心情。

• 妻子的角色

有一位杰出的社会学家告诉我，女人已经不再认为处理家务有什么重大的意义了。然而，世界上没有其他的工作会比创造和维持一个家庭，以及养育这个家庭的孩子们更加值得尊敬，而且对个人和社会也更加重要，更有意义。

一个女人把她全部的时间和精力奉献给了她的家庭和家人，她应该感到自豪。她所扮演的角色，比一个女演员在一次职业表演中所需要的各种技艺还要多。你有没有想过，一个家庭主妇需要表现多少专业技术？她必须是洗衣妇、厨师、裁缝、护士、保姆、打杂专家、兼职司机、书记员和记账员、购物专家、公共关系专家、女主人、人事主管、顾问、牢骚发泄对象、总经理和主管……

当然，只有这些还不够，她还必须保持自己的吸引力和魅力——如果她想要在丈夫的心目中保持闪烁光芒的话。我从没有听说过哪一个老板自己打扫办公室、记账和回信。但是家庭主妇必须干这些，甚至还要更多。我真希望设立一种年度奖，颁给这一年最有效率的家庭主妇。依我看来，她比所有的电影明星、职业妇女，以及最会打扮的女人都更有能力和才华。

你作为家庭主妇的工作，对你丈夫的成功有多少影响力呢？玛丽妮亚·范韩与佛狄南·伦得柏格博士——他们是《女人——被忽视的性别》这本书的著名作者——说："研究结果很明显地指出，由于妻子在家里做了大部分的工作，便不必再雇人了。因此，丈夫收入的有效运用价值，便增加了 30%~60%。"

《生活杂志》在一期特刊中估计过，如果男人要请外人到家里来做一个家庭主妇的工作，他每年要花费大约 10000 美元。

许多最著名的男士，也都是因为妻子的帮助才获得成功的，这些妻子都认为做个好的家庭主妇是非常崇高和有意义的。艾森豪威尔总统就是一个例子。

· 艾森豪威尔夫人的信念

玛密·多特·艾森豪威尔在《今日女性》杂志发表了一篇名为《如果我现在又当了新娘》的文章。在这篇文章里面，艾森豪威尔夫人说出了她最崇高的信念：生命带给女人的最伟大的职业生涯，就是做个好妻子。

"洗小孩子的袜子和全家人的脏衣服，这是很令人厌烦的事。永远都有做不完的琐事，而且有时候看起来像是一些毫不重要的、可有可无的小工作；尤其当你的丈夫带回来许多重要消息，并且

问你‘你今天做了什么事，亲爱的’的时候，而你所能说的只是‘噢，我今天付了瓦斯费——’

“就在这些时候，你一定很想到外面找份工作，融入人群中，同时赚些外快。但是如果你不向这个诱惑屈服，你的生命将可以获得更多的报偿。相反，如果你向这个诱惑屈服了，二十年后，你将发觉你自己除了一个职业以外，什么东西也没有；或者你会发觉，你的家庭一直是被你和你的丈夫所遗弃的，而且你们不知道如何去珍惜它。

“如果我现在才结婚，我还是愿意像以前那样做个家庭主妇。我将会努力去做，善用我丈夫微薄的薪水来照料家务，多结交一些朋友，每天早上都看着他吃完热腾腾的早饭之后去上班。我要尽我最大的能力，帮助他实现他的理想。

“当家庭主妇是我的工作和我的乐趣。尽我所能使艾克的家永远保持平稳和安定，这是我感到最奇妙、最有价值、最繁忙而快乐的生活。”

作为家庭主妇，玛密·艾森豪威尔做得真是太出色了，因为她已经帮她的丈夫进入了这世界上最大的房子——美国总统的白宫。

玩转家务，做优雅女人

大多数家庭主妇宁可花体力去重复一次又一次的琐事，也不愿动脑筋去做一次就可以解决的事。

·重新审视你的工作方法

当今最著名的女性美学与仪态专家玛格丽·威尔森，是《你想要成为的女性》和《如何超越你的平凡》等书的作者。对于她所倡导的原则，她本人就是一位最出色的模范代表。她的工作非常繁重，而在她的公寓里，她还要做许多的家务事，然而当她和朋友们聚会的时候，她仍然表现得很美丽、高雅和从容。

最近，我丈夫和我到玛格丽的家里，参加一个周末的自助餐晚宴。晚宴上一共有八位宾客，其中包括好几位著名的政治家。这是个灿烂夺目的宴会，大家谈笑风生，宴会的布置十分迷人，而我所要说的是“一种气氛”。玛格丽请我们吃了一顿精美的晚餐，她看起来很轻松、从容。炸鸡、大碗鳄梨和柿子沙拉、面包、青豆蘑菇、自制的水果冻和甜美的水果冰淇淋。

宴会中没有仆人帮忙，后来我问玛格丽，她是如何独自安排好这样一个精美的餐宴的。“很简单，”她告诉我，“所有的东西都是采用简捷的方法做出来的。在客人到达以前，我就开始炸鸡，当我们喝鸡尾酒的时候，我把炸鸡放在烤箱里保温；水果沙拉是用罐头水果在事前就混合好了的；我用的是冷冻青豆——下午煮好的青豆，和蘑菇一起放进炖锅里，蘑菇干酪做好后，在快要上菜以前，才把这些东西一起炖好；甜点心是事先把冷冻水果混合好，再撒到冰淇淋上面。这一切没什么麻烦的！”

然而，有一些女人仍然认为，请吃饭需要好几个小时的烹调、烘烤，准备精致或不常见的盘碟，以及提供必要的服务。等到宾客们到达的时候，繁忙的女主人看起来总是很忙，仿佛她已经累坏了。

1948 年，在欧洲的时候，我丈夫和我来到我们初识的一位大学教授的家里赴宴。当我们到达时，都为没有看到这位教授的妻子而惊讶。他解释说，他的太太正在监督仆人准备晚宴。当她出现的时候，只是坐下来闲谈了几分钟，可她的心思仍然留在厨房里，不久她又不见了。

晚宴的菜做得非常出色而可口，但是我从来没有看过有人对于吃东西要花费这么多精神。每道菜吃完以后，我们的女主人就会跑回厨房里监督下一道菜。当这种精致而令人不舒适的晚餐结束以后，我们才大大地松了一口气。我们大家都宁愿到餐厅吃这顿饭，那样就能和这位女士一起享受相聚的乐趣。她可能从来没有听说过“简捷方法”——也许她听说过了，但是可能她不愿意那样做，因为欧洲的传统一向都是如此。

利用自己的脑筋和创造力，使美国的家庭主妇发现了许多奇妙的简捷方法——冷冻食品。包装好的什锦菜，以及种类繁多的家庭用品。为什么不好好利用这些东西，使自己在最花费时间和精力的家务事上发挥出最大的潜力，做个更好的妻子和母亲呢？

我并不是说，什锦水果饼比自己亲手做的那些饼味道更好——虽然我不同意人们说它们的味道不同。但是，任何一位丈夫必然更期待在每天晚上看到一位气色俱佳、神采奕奕的妻子，而不愿看到他的妻子花了好几个钟头去煮饭和清洗，疲倦得使人对她提不起兴趣——而她自己也精疲力尽。

研究报告指出，无法提高工作效率，是家庭主妇最大的缺点。吉尔布雷斯所研究出来的一项成果，叫作“节省行动”，使我们了解了许多处理家务事的简捷方法。你有没有在五个步骤能够完成的工作上用去了十六个步骤，或者使用四个动作去做两个动作的工作？反省你处理日常工作的方法，然后看看能不能改进你的工作效率。最快捷的方法往往就是最好的方法。

例如，做早餐的时候，如果你一次性地从冰箱里把你所需要的东西一起拿出来，你就会节省许多的时间、精力和燃料——切记不要第一次拿出鸡蛋，然后再走一趟拿出奶油，最后又走一趟去拿奶酥。

把海绵和抹布放在房子各处的主要角落里，是个节省时间的重要方法。如果在浴室里放有海绵，就可以每天随手擦洗一遍瓷制的浴缸，轻松地保持浴室清洁——这比起积留所有的脏物，一个星期天洗一次要简单许多。这种“走到哪里，扫到哪里”的方法，可以使你不会在六天里沮丧地想着第七天有许多洗不完的工作等着你。在一幢二层楼的房子里，把某些常用的清扫用具同时储存在楼上和楼下，是很有用处的——例如抹布、肥皂、刷子、拖把以及其他东西。

当我的孩子还很小的时候，起初我在浴室的盥洗台上替她洗澡——因为家里没有地方可摆婴儿洗澡盆。由于我个子很高，在整个过程之中我必须弯着腰身。结果呢？我的背痛了好久。于是，我开始在厨房的水槽替她洗澡。这种方法可真妙，我可以舒服地站着，在台上替她脱衣服，而水槽对小孩子来说是更宽敞了，很容易保持清洁和卫生。水槽甚至还连有一个小喷雾器，可为她冲浴呢！

许多忙碌的女人，总是在晚上洗晚餐盘子和碟子的时候就顺道摆好了早餐的东西。这样可以省去把碟子拿去收好而在隔天清晨再把它们拿出来的麻烦，也可以使早餐吃得更加从容舒适，不至于像是精神紧张的赛跑一样。

·简捷实用的技巧

对一般女性来说，上街购物是最浪费时间的事情——除非她知道那些简捷方法。以下就有一些：

1. 有些主要的日常用品，要大量购买

例如卫生纸、纸餐巾、纸毛巾、化妆纸、肥皂、洗手剂、牙膏、清洁剂和防臭剂等，这些东西可以使用邮政或电话订购。而且大量购买可以使我们享受便宜价格和专程送到府上的好处，这就节省了时间和金钱。

2. 购买以前，要先做好计划

例如，如果你知道自己需要一件冬天的大衣，那么在你走进商店以前，就要先想好它的颜色、质料、样式以及你负担得起的价格。这样你就可以节省时间，也不会因为不知道究竟想要什么而买下一件毫无用处的衣服。

3. 加入一家消费者服务社

我所加入的这家服务社，一年的费用大约 6 美元——但是，它为我所节省的钱是年费的好几倍。这种服务社每个月寄给你一本商品说明书，一年给你一本目录。目录里记载着市面上所有的商品，从汽车到牙膏都有——服务社依照科学试验的结果，告诉你这些商品的等级。其实最贵的商品，并不一定就是最好的。有一年，我发现一种售价 4.9 美元的洗手剂，是市面上最好的牌子，然而我所使用的 1 美元的洗手剂，效果并没有相差多少。单单这一部分的节约，对我来说，就换回了参加服务社的花费。

4. 学习使用杂记

我在办公室工作的几年里，养成记杂记的习惯。杂记是节省时间的最好方法之一，除非你具有超强的记忆力。无论你要安排一个宴会，或是上街购物，订购用品，或是计划年度的预算，你都应该养成把它写在纸上的习惯。为什么你那么辛苦地工作的同时，脑子里还要填满比莎士比亚的十四行诗，或是你丈夫上司的名字更加不重要的事情呢（可以说我丈夫和我如果没有杂记，就都没有办法进行思考了——我们屋子里的每一个抽屉，都放有小纸条和铅笔以供记录）？

这一章谈到了一些简捷方法，如果能激励你使用一种改进效率的眼光，去分析你自己的家务事处理方法，那么，除了能完成它以外，还会带给你更多的好处。只要你细心地检讨一番，你会很快地找出提高工作效率的方法，你将可以找回许多被浪费掉的时间——甚至可能是一整天。那样你就可以把它拿来进行你的计划，或者是和你的丈夫有更多相处的机会。以下有三个步骤，可引导你减少你所不喜欢的工作：

1．分析你的工作方法

在某些工作上面，计划你所花费的时间。找出自己在哪里浪费了精力或时间。细心地检讨你特别讨厌的杂事——很可能因为你做事不得法，这些事情才会变成令你不愉快的琐碎杂事。

2．对于你最不喜欢的工作，看看有没有改进的方法

如果你被它难倒了，可以请朋友们给你提些建议。请教你的丈夫——男人对于这种“简捷方法的科学”，有很大的贡献。或者写信给你订阅的报纸或妇女杂志的家庭专栏，请他们帮忙想办法。

3．设法改进你的工作经验和技术

有一次，亚历山大·格拉罕·贝尔向他的朋友史密斯尼安协会秘书约瑟夫·亨利抱怨说，由于缺乏电学知识，他的工作已经受到阻碍。亨利先生对此并不表示同情，他所说的仅是：“学习它！”

你不必因为某件事情做得不好而感到抱歉。如果一件事情是值得做的，那就必须要把它做好。任何一位具有普通才能的女人，如果她想要努力，她一定可以做好基本的家务。甚至如果你能雇请用人，你也不必因为她们不知道应该如何做好自己的工作而放任她们。

有一件事要注意：不要把你真正喜爱的工作放弃了。除去杂草，你才能够欣赏花朵——但不要一时兴起，连花朵都一起拔了。

对于你比较不喜欢的工作，要使用简捷方法——如此，你就可以对你喜欢的工作花费较多的心思。

有些女人能够从缝纫、烹调特殊菜肴，或者是使家具像苹果般发亮等工作中得到很大的满足。不管你的特殊爱好是什么，要享受它——不要放弃做好一件工作的满足感。在家里使用现代效率的技巧，主要目的是要给你腾出空闲，做你所喜欢的、有益的活动。

打造爱的温柔乡

妻子不能陷进庞杂单调的家务中，而忘了家庭的真正目的——创造出一个温情的、安全而舒适的爱的港湾。

当你的丈夫忙碌了一天以后，回到家里看到的是怎样一种气氛呢？哪一种家庭才能使他在每个早晨提高工作兴趣、恢复精力去努力工作呢？这些问题的答案和你丈夫事业的成功有着密切的关系。

为了使丈夫能够以最高的效率工作，你必须为他创造一个舒适的港湾。

・轻松自在

一个男人不论多么喜爱他的工作，他的工作总会带给他某种程度的紧张感。在他回家以后，如果能够消除这些紧张，他就能够为自己加油打气，在第二天开始新鲜而热情的生活。

每个女人都想要做个出色的家庭主妇，但有时候男人在家里得不到休息和放松，就因为他的太太是个过于出色的家庭主妇：她的孩子不能把朋友带回家，因为他们可能会弄脏地板；她的丈夫不能在家里抽烟，这可能会使窗帘沾上烟味；如果她的丈夫阅读一本书或报纸，必须准确地放回原处。在这种家庭，丈夫怎么能得到放松？

乔治·凯利所写的《克莱格的妻子》，在几年前获得了普利策奖。它之所以会普遍受到欢迎，就是因为许多女人都很像哈丽莱特·克莱格。哈丽莱特生活的主要重心，就是保持家里的绝对干净。她甚至连放错了坐垫也无法忍受。朋友们来访也不受欢迎，因为他们会把东西搞乱。而她认为她那在我们眼中很正常、不拘小节的丈夫是个破坏专家，因为他会扰乱了她所创造出来的完美。

当丈夫把星期天的报纸、烟头、眼镜盒和其他各种东西随便乱丢在客厅的时候，妻子不要破口大骂，而是应该记得，家才是他能够放松的唯一地方。

• 舒适温馨

装饰和布置家通常是妻子的工作，你必须记住，舒适才是男人最大的需要。干净的桌椅、精致的织物、一堆一堆的小装饰品，在你眼里也许是迷人的，但这些东西只会让一个疲倦的男人讨厌，他需要一个地方搁脚，放烟灰缸、报纸和烟斗。

如果你想知道男人所喜欢的布置方式，不妨研究研究单身汉整理房间的情况。

我们的家庭医生路易斯·C. 派克医生，最近又重新装修了他的办公室。他的办公室是家的一部分。那天我在他那儿，一些在候诊室的男病人都很感兴趣地看着他那覆盖着皮革的桌子、宽敞的沙发、巨大的铜灯，以及笔直地下垂的没有一点儿皱褶的窗帘。

另一位很会布置自己房子的单身汉，就是华特尔·林克，他是地质学家、新泽西州标准石油公司的主任。他的工作使他必须跑遍全世界最偏远的角落，而他在纽约拥有一栋超现代化的公寓。他利用旅行带回来的纪念品装饰这所房子——手工染布、刚果的木雕，以及东方的象牙雕塑品。林克先生的公寓由于明亮、宽敞和舒适，以及富有个性趣味而显得特别迷人。

难怪这些有资格结婚的家伙现在仍然在做单身汉，因为很少有女人能够使他们像服侍自己那样舒适。

当我们布置家的时候，常常会忽略男人对于舒适的要求。如果你的丈夫对于你辛苦布置好的家庭似乎会带来破坏，这很可能是因为你布置的方式不适合他。他会把报纸满地乱丢吗？那可能是茶几太小，或上面放满了装饰品，他根本找不到地方放报纸。

他在家时，会烟灰“到处乱弹”而使你无法忍受吗？那你就要给他买个最大的烟灰缸，而且要多买几个。他常常把脚搁在你心爱的脚凳上吗？那就把这个脚凳拿到客厅去，另外替你丈夫买个坚固的塑胶脚垫。

让一个男人在家里感到舒适，是让他留在家里的最好方法。

·有序而清洁

大部分男人宁愿住在一间收拾整齐的帐篷里，也不愿住在一栋凌乱不堪的漂亮房子里。如果开饭很少准时，早餐的盘子到了吃晚饭的时间还放在水槽里不洗，浴室中堆满了废弃物，卧室不整理，这些现象只会使男人跑到棒球场、酒吧，以及妓院去。对男人来说，除了自己的凌乱以外，似乎没有办法忍受任何人的不整洁。

任何一个有修养的丈夫，对于偶然发生的失误都是能够体谅的。他会在大扫除时愉快地吃剩菜，当我们碰到一些不寻常的问题必须应付的时候，他也会帮我们解决——但是一定要记住，这种事情不能经常发生。

· 愉快安详的气氛

家里的气氛，主要是女人的责任。你的丈夫在工作上的表现，将会受到你所创造的家庭环境的影响。

作为妻子，你不会希望丈夫完全被他的工作占据，或是身体和精神完全被工作控制，但是，你又希望他在工作上有最好的表现。如果你能创造一个快乐而安详的气氛，等着他回到家来，你就能在这两方面都如愿以偿了。

保罗·柏派诺博士是洛杉矶家庭关系协会会长。他认为，家庭应该是男人的避难所，它应能使男人从业务的纠缠中得到安宁。他说：

“在现代商业中，并不像野餐那样轻松愉快。他必须整天和对手竞争，在各种情况下都是这样。当下班铃响的时候，他就会渴望安详、和谐、舒适、爱……

“在公司，大家都只看到或是想办法找他错误的地方。只有在家里，有个天使看到他最美好的一面；这位天使不会把她自己的困扰加给他，也不会替他制造一些新的困扰。她恢复了他的能力，保护了他的精神，在情感上使他愉快，使他在第二天早晨充满了精力和热情。

“在家里创造出那种气氛的妻子，”柏派诺博士说，“她能够在丈夫的生活中尽到妻子的责任，可以说是最了解自己职责的人了！”

・创造夫妻共同的家

让丈夫觉得他在家里像个国王，而不是在娇艳的女性王国里当个笨拙的破坏专家，这种努力对妻子来说是很值得的。

当你的家庭需要一件新家具，或是重新装饰的时候，你应该征询他的意见，两个人共同决定，而不只是把付款单交给他而已。为了买你丈夫所想要的摇椅，你应该放弃你心爱的古典式沙发。也许你会埋怨，但是，你通常会发现，他对家的喜爱和你是同样深的，而且，如果他对于家里的事情拥有更多的决定权，家对他的意义将会更大。

男人对于家庭的关心，和你是同样的——他需要一种感觉，觉得家庭没有他就不完全。

我认识一个女孩子，她擅长花很少的钱来装饰屋子，所以她的房子精致、迷人、近于完美。可是，这个女孩子却嫁给了一个高大的、浓眉粗发的、烟斗不离口的男人。她的丈夫在这个女性化的环境里，完全格格不入。他爱他的妻子，但是他在自己的家里觉得非常不自在，所以他只有和他的朋友去钓鱼，或到他可以表现自我的森林里去玩。妻子不停地抱怨丈夫，但是她仍然坚持把家布置得只适合于她自己。

妻子不能陷进庞杂单调的家务中，而忘了家庭的真正目的——创造出一个温情的、安全而舒适的爱的港湾。

我们要记住下面这些基本规则，使我们的丈夫变成快乐的人：

1．使家变成可以放松的地方，等他回家。

2．使家变得舒适温馨。

3．使家变得清洁而有秩序。

4．使家变得安详而愉快。

5．使家成为两个人共同的家。

时间是管理出来的

你曾经想到利用刷牙的时间背诗、在卸妆时听英语会话吗？

·被浪费的时间

爱莲诺·罗斯福是罗斯福总统的夫人。她每天的活动排满了整张行程表，但大部分比她年轻一半的女人也难以胜任这种繁忙的工作安排。我问她如何能够安排好这么多事情时，她的回答很简单，也很容易理解："我绝不浪费时间。"

她告诉我，她在报上发表的许多专栏文章，都是在约会和会议的空当完成的。她每天都工作到深夜，清晨就起床。

保罗·柏派诺博士在他所写的《如何创造婚姻生活》这本书中写道："家庭主妇大都觉得家务占去了太多的时间。这种看法值得检讨。如果任何一位女人愿意把她一星期内的时间详细记下来，结果可能会使她大吃一惊。"

你也应该试试，把一星期内所做的事情都记下来。如果你诚实，也许会发现，像下面这样的项目太多了："10：00—10：45，和马贝尔在电话中聊天"，"13：00—14：00，和隔壁邻居聊天"，"15：00—16:30，吃过午餐后，和哈丽叶特逛街"。

这个记录，将会明白地指出，你在日常生活中如何浪费了时间。然后，你可以将这些时间计划好而不至于浪费。

·抓住时间的盗贼

有些人就懂得如何有效地利用时间。已故的哈尔兰·F.史东，是全美最高法院的首席法官，有一次他告诉一个大学毕业班的同学说："这世界上的许多重要事情只需用十五分钟就可以完成，而这段时间通常都被人们浪费掉了。"

"万事通"专家约翰·基尔南，是一位著名的地铁乘客。如果你看到他坐在地铁里专心地看着济慈的诗集，或是有关鸟类生态的论文，这都是很平常的事。

西奥多·罗斯福当美国总统的时候，他的桌上总翻着一本书，这样他就能够在两次约会之间的两三分钟的空当念书。小西奥多·罗斯福曾经说过，他父亲的卧室里有一本诗集，所以他经常能够在穿衣服的时候背下一首诗。

可是，我们之中许多女人并不像美国总统一样忙碌，可她们却常说"没有时间看书"。其实，我这本书的大部分，也是利用白天孩子午睡以后的两小时空当写下来的。许多必须阅读的资料，是我在美容院的吹风机下面看完的。我还发现，如果把一本书摆在化妆台上，我就可以在化妆的时间里看完许多书。

已故的福南克·吉尔布雷斯是一位工程师，他是动力科学研究的先驱。他和他的妻子莉莉安·吉尔布雷斯博士致力于把节省时间和劳动力的方法带进商业界和工厂，同时也把它带进家庭管理中。

吉尔布雷斯夫妇共有十二个孩子，他们从小就认为时间是一种天赐的礼物，必须很有效率地利用它。在吉尔布雷斯的家里，时间从不会被浪费。孩子们早上刷牙准备上学的时候，甚至可以从他们父亲放在浴室中的海报上学会许多新单词。

沙尔瓦多·S. 盖塞狄是一位很有经验的顾问工程师，他的妻子提娜·盖塞狄也是他的助手。她把他在事业上所使用的高效率方法应用到了家庭管理中。

除了料理家务以及照顾三个儿子以外，盖塞狄太太还要做秘书、记账员、人事经理，并且为她的丈夫担任研究助理，同时她还要参加地方社团与家长教师联谊会的工作。以下是她写给我的信：

> 我们的信念是，清除掉杂草，我们就可以天天欣赏到花朵。那就是说，尽可能在最短的时间内做完基本工作，这样我们就可以有更多的空闲去做我们所喜欢的事情。
>
> 有三个活泼的小家伙，以及需要整理的一间庞大的房子和花园，还有社团活动、做我丈夫的秘书，再加上其他社会活动，我所有的时间都必须做两倍的工作。我还要想办法帮助我丈夫，找出一些他可能漏掉的文章，提醒他必须参加的集会，为他构思一些改进的方案。
>
> 我曾经在洗碟子或是替孩子热奶的时候，想出了许多增加工作效率的方法。例如我们在游玩的时候，和孩子们一起

做运动，我们大家都在一起玩。

我们的工作进度表是有弹性的，并非一成不变。有时候我们会把例行事务抛开，专心去做一件特殊的事情。

这样在一起工作，和丈夫共享各种看法，以及扩展我们视野的欲望，使得我们的生活充实而富有变化，而且充满了幸福。这种生活是很有趣的，因为我们的目标是一样的，我们能够有始有终地做下去。

你看，盖塞狄夫妇懂得如何生活，如何工作，以及如何把生活和工作协调进行，进而获得完满的结果。

你也许已经注意到，你所认识的最忙碌的女人，做最多事情的女人，总是比懒女人要有更多的时间。这是因为她们学会了安排自己的时间和家务，重视我们大家都拥有的宝贵金矿——时间。

• 全新的时间管理理念

浪费时间比浪费金钱还要悲惨。金钱失去了还可以赚回来，然而时间是永远回不来的。

以下这些规则，将会帮助你把宝贵的时间发挥出更大的效益。

1．反省你每天使用时间的方式

这个工作至少要做一个星期，看看你的时间浪费到哪里去了。

2．意义重大的指南针——周计划

为下一周每天的工作安排合理的时间，可以消除神经紧张、疲乏和混乱。如果这种方法适合大公司的总经理，它就应该对你、对我和别人都有好处。由于意料不到的事情，你也许需要改变这个工作计划，但是，把这个工作计划表作为原则性的工作指示，将会使你的日子更有收获。

3．设计好省时省力的方法

例如，每天只跑一次杂货店买东西，而不是跑许多趟，这就可以节省下许多时间。通常这种做法也是更加经济的。事先计划好一个星期的菜单，可以节省下许多时间。和每天拟菜单比起来，这样更能为你家人的营养需要提供满意的计划。

4．如何把时间的“水桶”装满

马上开始一个计划，去做一些你从没时间做的有价值的事情，而且只能用你的休闲时间来完成这些事。试试这种方法，看看效果如何。

5．利用你的时间做两倍的工作

盖塞狄太太就这样做了：当她替孩子温奶的时候，她也替丈夫的工作做计划。当你等待着烤箱的铃声响起，或是在烤肉之前，可以处理完许多文书或做好计划。带小孩在公园玩的时候，你可以顺便做些缝补的工作，这就是利用一小时做完两小时的工作。

6．利用现代化的省时省力方法

不要劳累你的筋骨。日报上的商品广告、消费者调查公告，从商店带回来的邮购小册，以及电话，邮局，所有这些都可以节省你的时间。

7．聪明地买东西，节省逛街的时间

了解货品的价值，利用特价商品的好处，大批购买某些东西。

当你知道如何买东西以后，将会把你的时间和金钱发挥出最大的作用，使你获得许多好处。

8. 避免不必要的工作中断

只要有点经验，你就能够学会在你努力做好一件事的时候，不去理会电话和门铃。不久，你的朋友就会在某些特定时间打电话给你——他们也会因为你讲求效率而更加尊敬你。

亚尔诺德·白尼特在《如何利用一天二十四小时》这本书中告诉我们："时间的赐予，真是每天的奇迹……你在早晨醒来时，哦！像变魔术那样，在你的生命世界中，还有这没有使用的二十四小时！"